Jérome Faillettaz

Le déclenchement des avalanches de plaque de neige

D1796985

Jérome Faillettaz

Le déclenchement des avalanches de plaque de neige

De l'approche mécanique à l'approche statistique

Éditions universitaires européennes

Mentions légales/ Imprint (applicable pour l'Allemagne seulement/ only for Germany)

Information bibliographique publiée par la Deutsche Nationalbibliothek: La Deutsche Nationalbibliothek inscrit cette publication à la Deutsche Nationalbibliografie; des données bibliographiques détaillées sont disponibles sur internet à l'adresse http://dnb.d-nb.de.
 Toutes marques et noms de produits mentionnés dans ce livre demeurent sous la protection des marques, des marques déposées et des brevets, et sont des marques ou des marques déposées de leurs détenteurs respectifs. L'utilisation des marques, noms de produits, noms communs, noms commerciaux, descriptions de produits, etc, même sans qu'ils soient mentionnés de façon particulière dans ce livre ne signifie en aucune façon que ces noms peuvent être utilisés sans restriction à l'égard de la législation pour la protection des marques et des marques déposées et pourraient donc être utilisés par quiconque.

Photo de la couverture: www.ingimage.com

Editeur: Éditions universitaires européennes est une marque déposée de Südwestdeutscher Verlag für Hochschulschriften Aktiengesellschaft & Co. KG
Dudweiler Landstr. 99, 66123 Sarrebruck, Allemagne
Téléphone +49 681 37 20 271-1, Fax +49 681 37 20 271-0
Email: info@editions-ue.com
Agréé: Grenoble, Université Joseph Fourier (Grenoble I), Thèse de doctorat, 2003

Produit en Allemagne:
Schaltungsdienst Lange o.H.G., Berlin
Books on Demand GmbH, Norderstedt
Reha GmbH, Saarbrücken
Amazon Distribution GmbH, Leipzig
ISBN: 978-613-1-53342-6

Imprint (only for USA, GB)

Bibliographic information published by the Deutsche Nationalbibliothek: The Deutsche Nationalbibliothek lists this publication in the Deutsche Nationalbibliografie; detailed bibliographic data are available in the Internet at http://dnb.d-nb.de.
 Any brand names and product names mentioned in this book are subject to trademark, brand or patent protection and are trademarks or registered trademarks of their respective holders. The use of brand names, product names, common names, trade names, product descriptions etc. even without a particular marking in this works is in no way to be construed to mean that such names may be regarded as unrestricted in respect of trademark and brand protection legislation and could thus be used by anyone.

Cover image: www.ingimage.com

Publisher: Éditions universitaires européennes is an imprint of the publishing house Südwestdeutscher Verlag für Hochschulschriften Aktiengesellschaft & Co. KG
Dudweiler Landstr. 99, 66123 Saarbrücken, Germany
Phone +49 681 37 20 271-1, Fax +49 681 37 20 271-0
Email: info@editions-ue.com

Printed in the U.S.A.
Printed in the U.K. by (see last page)
ISBN: 978-613-1-53342-6

Table des matières

Introduction

Au fil des siècles, la « mort blanche » a endeuillé des familles, englouti des villages et emporté des montagnards chevronnés. Les avalanches continuent de tuer environ trente personnes (skieurs, randonneurs ou alpinistes) par an en France. Les avalanches de plaques en sont les premières responsables. Malheureusement, le déclenchement des avalanches de plaque de neige reste encore à ce jour un phénomène naturel imprévisible et mal compris.

Comprendre pour espérer prévoir le phénomène ; tel a toujours été le but des travaux scientifiques. Les chercheurs ont continuellement tenté d'établir des théories cohérentes et globales appelées « loi de la nature » qui décrivent au mieux ses facéties. D'ailleurs, qu'est ce qu'une loi de la nature ? A cette question, Pierce répond :

> « *Mais toutes ces vérités appelées lois de la nature ont deux caractères en commun. Le premier est que chacune d'elles est une généralisation établie à partir d'un ensemble de résultats d'observations (…).*
> *Le second caractère est qu'une loi de la nature n'est ni une simple coïncidence émergeant par hasard des observations sur lesquelles elle repose, ni une généralisation subjective, mais a pour propriété qu'on peut en tirer une série infinie de prophéties ou de prédictions, (…).* », Pierce : Laws of nature (1901)

Le déclenchement d'une avalanche de plaque résulte toujours d'une rupture dans le manteau neigeux. Cet « effet » connu, il faut comprendre les causes menant au déclenchement. L'étude de la stabilité et de la propagation d'une rupture dans la neige s'avère donc essentielle pour la compréhension de ce phénomène.

Deux approches complémentaires sont à notre disposition pour traiter le problème de la stabilité du manteau neigeux: la première est appelée ***déterministe*** et la seconde ***probabiliste***.

Dans l'approche déterministe, on tente de caractériser le matériau de la façon la plus précise possible, à l'aide de paramètres physiques et mécaniques locaux : on cherche donc à quantifier les causes pour trouver les effets. Pour mener à bien cette étude, les chercheurs ont besoin des équations de la mécanique, d'une loi de comportement, d'un critère de rupture, de la géométrie de l'échantillon et des conditions aux limites. La connaissance de tous ces paramètres permet, idéalement, de prévoir et reproduire la rupture dans la neige, dans ses moindres détails, à toutes les échelles d'étude. Ces modèles utilisent donc une description **locale** du matériau (toutes les propriétés physiques et mécaniques sont connues en tous points du matériau) pour déduire son comportement **global** : cette approche recherche donc une loi de la nature s'appliquant à la neige.

Malheureusement, dans un phénomène naturel, beaucoup trop de paramètres entrent en jeu pour être tous pris en compte dans l'étude. Le choix des hypothèses de travail va donc s'avérer déterminant puisqu'une étude simplifiée est nécessaire. La difficulté majeure résidera dans la sélection des paramètres à garder pour reproduire correctement les observations expérimentales. De plus, malgré l'augmentation prodigieuse de la puissance de calcul, une description parfaite d'un phénomène est, bien souvent, illusoire tant au niveau expérimental que théorique : les méthodes de détermination in situ des paramètres mécaniques ne peuvent être qu'approximatives, d'autre part, comme en météorologie, gérer plusieurs dizaines de paramètres revient souvent à manipuler des systèmes d'équations démesurés dont la résolution analytique est impossible et dont la résolution numérique demande un temps de calcul bien trop long pour être réalisé.

Ne disposant généralement pas de tous les paramètres nécessaires à une étude déterministe fiable, une autre approche a vu le jour. Son but sera de reproduire les comportements statistiques de ces phénomènes critiques complexes (phénomènes instables, non-linéaires et invariants d'échelle) à partir de modèles très simples à l'échelle locale. De cette façon, il sera possible de comprendre au moins qualitativement certains des mécanismes menant au déclenchement d'une avalanche de plaque. Cette description sera évidemment moins précise (puisque globale) que la précédente, mais aura l'avantage de pouvoir prédire *les chances d'occurrence* d'un phénomène sans toutefois pouvoir le localiser (tant géographiquement que temporellement).

Après avoir décrit l'état des connaissances sur la neige et les avalanches, nous allons faire une analyse mécanique du déclenchement d'avalanches de plaque, notamment en appliquant la mécanique de la rupture au matériau neige. Nous étudierons tout particulièrement la ténacité de la neige, paramètre permettant de quantifier la résistance d'un matériau à la propagation d'une fissure. Cette analyse sera déterministe et sera donc valable pour une approche locale, à l'échelle d'une pente. Puis, nous étudierons, d'un point de vue statistique, le déclenchement d'avalanches. Cette analyse sera globale (à l'échelle d'un massif montagneux ou même davantage). Elle nous donnera des résultats statistiques quantitatifs sur la taille des plaques et nous fournira ainsi une loi statistique capable de prévoir les probabilités d'occurrence d'une avalanche en fonction de sa taille. Devant le constat qu'aucun modèle (tas de sable, patin-ressort, percolation,...) appliqué à d'autres aléas naturels (séisme, glissement de terrain) n'est capable de reproduire le comportement statistique de nos données de terrain, nous développerons ensuite notre propre modèle (automate cellulaire), en tenant compte des particularités du déclenchement d'avalanches de plaque. Nous verrons enfin que ce modèle dépasse le cas particulier des avalanches de plaques, et qu'il est susceptible de décrire d'autres écoulements gravitaires.

Partie 1. Déclenchement d'avalanches de plaques

Chapitre 1 La neige : Un matériau complexe

Partie 1. Déclenchement d'avalanches de plaques

La neige est un géomatériau au même titre que la croûte terrestre. Ce matériau naturel a des caractéristiques très particulières, uniques en leur genre : C'est un matériau complexe sur de nombreux plans. Nous allons succinctement tenter de les expliciter dans cette partie.

Pour ce faire, cette partie de synthèse est construite à partir de deux thèmes : un axe chronologique (de la formation à la fonte des cristaux de neige) et un axe lié à l'échelle de l'étude (de l'échelle microscopique à macroscopique).

1.1. Complexe du point de vue de sa composition et de sa formation

1.1.1 Composition

La neige est composée d'un mélange d'air, de glace, et parfois d'eau. Trois phases (solide, gazeuse et liquide) sont donc présentes dans ce matériau, leurs proportions variant énormément. Mais, chose à première vue surprenante, la neige est principalement composée d'air[1].

Les proportions de ces trois phases (solide, gazeuse, et liquide) varient en fonction du degré de transformation de la neige. Ce matériau est donc extrêmement hétérogène.

1.1.2 Formation

1.1.2.1 Processus de formation et croissance du cristal de neige

La vapeur d'eau est un gaz qui a la propriété de se transformer en petites gouttelettes si la masse d'air dans lequel il est contenu se refroidit. C'est le cas dans les nuages. Dans la plupart des nuages, de minuscules gouttelettes d'eau "surfondue"[2] sont en suspension dans une atmosphère très riche en vapeur d'eau. Dans les parties froides du nuage, la vapeur d'eau se trouve pratiquement toujours en sursaturation par rapport à l'eau liquide. Il suffit d'une impureté (sel marin, résidus de combustion, poussières en suspension dans l'atmosphère) pour faire cesser cet état de surfusion. Il se forme alors de "petits cristaux" de glace qui vont coexister au sein du nuage avec les gouttelettes. Ainsi se forme un "germe initial" (cf. Figure 1.1) du cristal élémentaire à structure hexagonale.

---

[1] A titre d'exemple, une neige venant de tomber au sol peut être composée jusqu'à 80% d'air !
[2] c'est-à-dire liquide malgré des températures négatives.

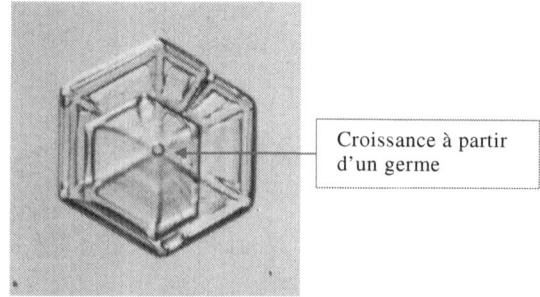

Croissance à partir
d'un germe

Figure 1.1: Germe initial

Dans le nuage, à 3000, 4000 mètres d'altitude, on trouve l'eau sous ses trois états :

- état solide avec les minuscules cristaux de glace
- état liquide avec les microgouttelettes d'eau surfondue
- état gazeux avec la vapeur d'eau en état de sursaturation plus ou moins forte, malgré des températures différentes au sein d'un même nuage (dans nos régions des températures de 0° C à - 20° C)

Des échanges se créent entre gouttelettes qui s'évaporent au profit des plaquettes hexagonales de glace qui grossissent et s'alourdissent puis finissent par tomber vers le sol[3].

1.1.2.2 Les différents types de cristaux précipités

Pendant leur chute, ces cristaux de neige traversent des nuages de plus en plus chauds ou parfois plus froids en cas d'inversion de température. Selon la température et le degré de sursaturation de la vapeur d'eau, ce sont les bases, les faces latérales ou les arêtes des cristaux qui vont croître le plus vite formant soit des colonnes (cf. Figure 1.2.), soit des plaquettes (cf. Figure 1.3), soit des étoiles à six branches (cf. Figure 1.4). Une multitude de formes intermédiaires peuvent aussi se former.

Ainsi, si la formation des cristaux dans le nuage se fait entre –6°C et –10°C, les grandes faces vont croître (cf. Figure 1.2). Si, par contre, les cristaux se forment entre –10°C et –12°C, les petites faces vont se développer. (cf. Figure 1.3). Si les cristaux4 se forment entre –12°C et –18°C, les arêtes vont croître. (cf. Figure 1.4).

---

[3] Si la température de l'atmosphère est inférieure à 0°C (d'environ –4 à 0°C) pendant la totalité de leur chute, les précipitations se feront sous forme de neige sèche.
Au terme de leur voyage, si elles n'ont franchi l'altitude de l'isotherme 0°C que de 300 ou 400 mètres, elles seront encore neige humide à mouillée.
Si au contraire la température des dernières centaines de mètres au voisinage du sol est supérieure à + 3°C ou + 4°C, elles fondent en devenant une banale chute de pluie.
[4] Ces types de cristaux sont les plus souvent rencontrés dans nos régions au climat tempéré.

Partie 1. Déclenchement d'avalanches de plaques

Figure 1.2 : Formation de cristaux de type aiguille (image A. Duclos)

Figure 1.4 : Formation de cristaux de type étoile (image A. Duclos)

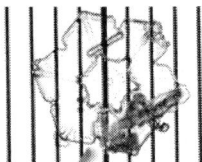

Figure 1.3 : Formation de cristaux de type plaquettes (image A. Duclos)

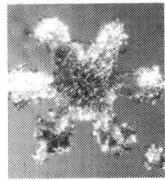

Figure 1.5 : Neige roulée

Ce dernier type de neige (cf. Figure 1.5) est constitué de cristaux ayant traversés ou séjournés dans des masses nuageuses turbulentes formées de gouttelettes surfondues. Celles-ci, au contact du cristal, se sont congelées, provoquant ce qu'on appelle le givrage du cristal. Si ce phénomène dure assez longtemps le cristal disparaît complètement sous une gangue de petites particules sphériques de glace opaque et prend l'aspect d'une boule de « mimosa »[5].

Figure 1.6 : Exemples de différentes espèces d'étoiles

Ces multitudes de branches dans une étoile sont appelées **dendrites**.

Nous avons donc vu que, déjà avant d'arriver au sol, la neige pouvait avoir une multitude d'aspects différents. Voyons maintenant comment, une fois arrivés au sol, ces cristaux vont se transformer, évoluer pour finalement donner… de l'eau !

---

[5] On a déjà observé plus de 2500 espèces différentes de cristaux de neige (cf. Fig. 7). D'autres types de cristaux de neige existent encore : les cristaux ayant subit une métamorphose (fonte partielle) avant leur arrivée au sol. A titre indicatif, on peut citer la neige roulée ainsi que le grésil et la grêle

1.2. Complexe dans sa structure et son évolution granulaire : la métamorphose

Cette partie va rapidement être consacrée à un phénomène qui confère à la neige un caractère spectaculaire, la métamorphose.

Littéralement, métamorphose signifie changement de forme. Les cristaux de neige constituant le manteau neigeux changent sans cesse de forme.

Il conviendra donc de caractériser chaque type de grains existant dans le manteau neigeux.

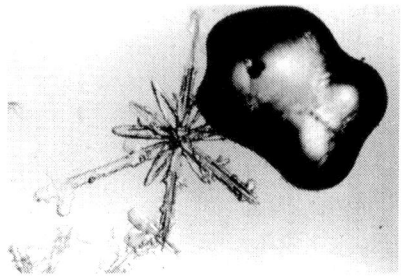

Figure 1.7 : De l'étoile au grain rond

Cette métamorphose de la neige dépend essentiellement de 4 facteurs thermodynamiques et mécaniques :

- l'effet du rayon de courbure,
- le gradient de température,
- la température et
- le vent.

Maintenant que nous avons vu les différentes formes des cristaux lorsqu'ils se forment et tombent au sol, il nous faut décrire les différents grains pouvant être présents dans le manteau neigeux.

1.2.1 Les différents types de grains

Nous avons vu que la structure microscopique de la neige peut évoluer du fait des métamorphoses qu'elle subit. Il nous faut maintenant voir les différents aspects morphologiques que peut prendre la neige lorsqu'elle se métamorphose.

En fait, **la neige ne cesse de se transformer** dès qu'elle se pose au sol. Elle prend la forme de grains qui peuvent être de taille et de formes différentes.

Il faut, dans un premier temps, distinguer deux grandes familles de grains dépendant de l'humidité de la neige :

1.2.1.1   Neige sèche

Figure 1.8: Particules reconnaissables (image A. Duclos)

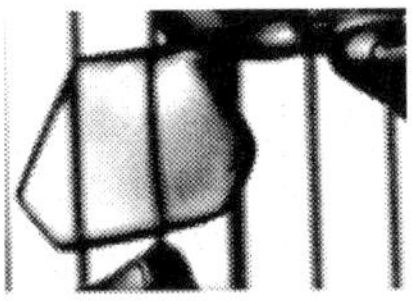

Figure 1.10: Grains à faces planes (image A. Duclos)

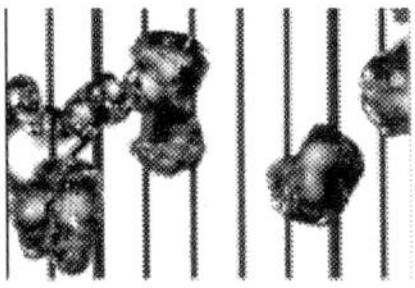

Figure 1.9 : Grains fins (image A. Duclos)

Figure 1.11: Gobelets (image A. Duclos)

Lorsque la neige tombe, elle prend le plus souvent, sous nos latitudes, l'aspect d'étoiles enchevêtrées en flocons (cf. § 1.1.4.)

Au cours de la chute de neige, les cristaux de neige subissent souvent une destruction partielle sous l'effet conjugué du vent et dans une moindre mesure de la température (effet du rayon de courbure). Les grains ainsi obtenus comportant encore des formes qui rappellent les cristaux initiaux se nomment « **particules reconnaissables** »[6].

Les particules reconnaissables peuvent se transformer en grains de dimension relativement faible (diamètre de l'ordre de 0.5 mm). Ces grains auront des formes relativement arrondis. On les nommera « **grains fins** ».

D'autres grains peuvent aussi exister dans le manteau neigeux : ils seront plus anguleux que les précédents avec des dimensions faibles variant de 0.3 à 0.6 mm de diamètre. On les appelle « grains à faces planes »

Il peut encore exister des grains en formes de pyramides aux facettes bien marquées : ce sont les « gobelets » ou « givre de profondeur ». La dimension du gobelet varie entre 2 et 5 mm, parfois plus, suivant la densité initiale, le diamètre initial des cristaux, la valeur du gradient, sa durée, la gamme de température.

---

[6] Toute métamorphose de neige fraîche passe obligatoirement (souvent brièvement) par le stade de particules reconnaissables

1.2.1.2   Neige humide

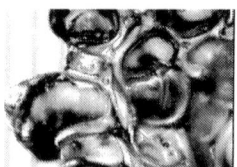

Figure 1.12: Grains ronds (image A. Duclos)

Une neige humide contient par définition de l'eau.

Lorsque la neige contient de l'eau, des gros grains se forment. Ils ont une surface arrondie et un diamètre variant de 1.5 à 3 mm. On appelle ce type de grain « grain rond ».

Tous ces types de grains coexistent dans le manteau neigeux. Abstraction faite des gobelets, les transformations de formes des grains sont réversibles. La métamorphose est responsable d'une telle évolution structurelle des grains composant le manteau neigeux. Les conditions nécessaires et les mécanismes entrant en jeu lors de ces transformations géométriques sont expliqués dans Faillettaz (2000).

1.2.2   Les différents types de métamorphoses

Nous avons vu les quatre agents de la métamorphose qui sont le rayon de courbure, le gradient de température, la température et le vent. Tous ces paramètres vont influencer la métamorphose de la neige.

La métamorphose est un phénomène complexe car tous ces paramètres ne sont pas indépendants : ils peuvent se coupler. De plus, la présence d'eau dans la neige va aussi influencer sa métamorphose.

Il existe deux types principaux de métamorphoses : La **métamorphose de neige sèche** si la neige est sèche et la **métamorphose de neige humide** si elle contient de l'eau.

La métamorphose suivie dépendra donc de la **Teneur en Eau Liquide (T.E.L.)** de la neige considérée.

Partie 1. Déclenchement d'avalanches de plaques

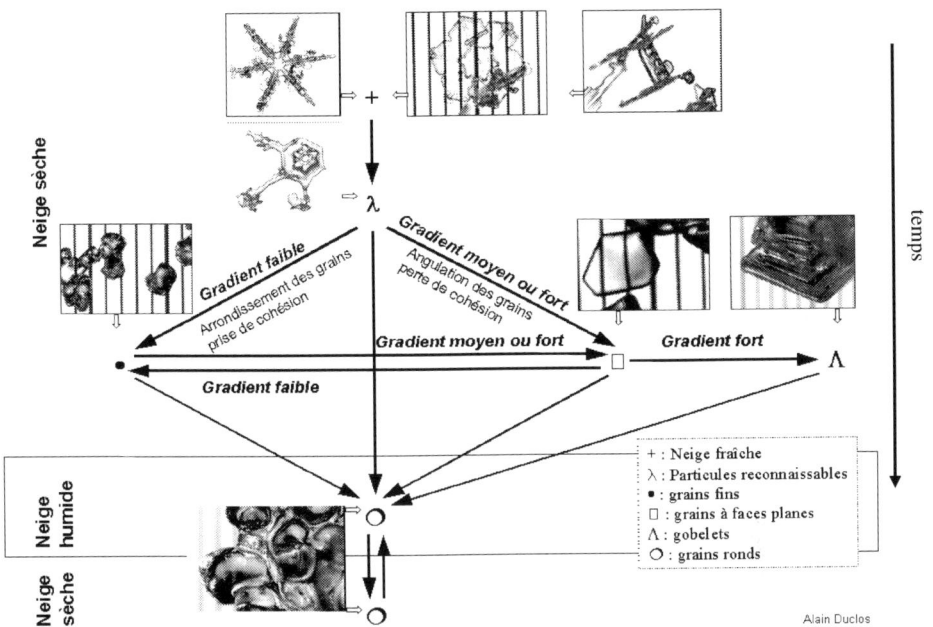

Figure 1.13 : La métamorphose de la neige (d'après A. Duclos)

Dès que les cristaux de neige sont au sol, ils commencent à se transformer. Ils passent très rapidement au stade de particules reconnaissables (stade dans lequel les formes initiales sont toujours distinguables). Ensuite, deux types de transformations sont possibles, suivant que le gradient de température dans la couche considérée est fort ou faible. De façon générale, un faible gradient de température dans une couche de neige aura tendance à arrondir les grains, alors que, pour un gradient fort, les grains auront tendance à devenir anguleux.

Dans le cas d'un gradient faible, les formes des particules reconnaissables s'arrondissent progressivement pour donner finalement des grains fins. Ces grains s'agglomèrent par frittage ; le matériau devient cohésif.

Par contre, si le gradient de température est fort, les grains ont plutôt tendance à devenir anguleux pour donner des grains à faces planes. Les grains à faces planes peuvent se métamorphoser en grains fins si le gradient de température devient faible et inversement, si le gradient de température devient fort les grains fins peuvent se transformer en grains à faces planes. Si le gradient de température reste fort, alors ces grains à faces planes se transforment en gobelets. Cette dernière transformation est irréversible. Les couches de gobelets créés en début de saison restent présentes jusqu'à la fonte totale du manteau neigeux. Lors de la fonte, tous ces grains se transforment finalement en grains ronds, stade ultime de la métamorphose de la neige.

1.3. Complexe dans ses propriétés mécaniques

Plusieurs caractéristiques mécaniques et physiques de la neige en font un géomatériau particulier. Ces propriétés ont commencé à être étudiées dès 1950 par Bader, Bucher, etc., mais l'étude la plus complète a été menée dans les années 1970 par Mellor (1975, 1977). Le but était de déterminer avec précision les propriétés mécaniques de la neige en vue d'aider les ingénieurs dans les études où la neige est présente.

Les conditions d'étude sont particulièrement difficiles : les études in situ sont peu précises et nécessitent un matériel restreint, quant aux études en laboratoire, on a le problème du transport de l'échantillon à une température où la métamorphose est ralentie au maximum[7].

Du fait de la simplicité de mesure, la masse volumique a toujours été utilisée en priorité pour décrire le matériau. Or, différents types de neige (gobelets, grains fins) peuvent avoir la même densité, mais, par exemple, une cohésion complètement différente.

Dans cette partie, nous étudierons les propriétés mécaniques de la neige, c'est-à-dire sa compressibilité, sa cohésion, sa résistance à la traction et au cisaillement, sa viscosité, etc.

1.3.1 Tassement, compressibilité, reptation de la neige

Nous avons vu dans que la neige est constituée d'une grande partie de vides (air).

La neige est un matériau compressible car elle est constituée d'un squelette fragile de glace entouré d'air. Plus la neige sera fraîche, plus elle aura la faculté de se tasser (diminution des vides).

Le tassement de la neige s'opère naturellement dans une couche de neige :

Dans les couches profondes, sous le poids des couches supérieures.

Dans l'ensemble du manteau neigeux, sous l'effet des métamorphoses.[8]

Le fait que la neige se densifie modifie les propriétés mécaniques. Cela influence notamment la densité, la porosité, le module d'Young, le nombre de coordinence,...

Sur une pente, le manteau neigeux glisse dans son ensemble (glissement) et chaque strate subie un tassement et un écoulement propre (reptation). Ces mouvements, ajoutés aux accidents de terrain (convexités, concavité, rocher, etc....) conduisent à des déformations et à l'apparition de contraintes au sein du manteau neigeux pouvant aller jusqu'à la rupture d'une ou plusieurs strates de neige.

---

[7] Dès que l'échantillon est prélevé, il est mis dans un liquide réfrigéré spécial. Le but est de bloquer l'évolution de la neige.

[8] Pour des neiges fraîches, on peut constater des tassements naturels de l'ordre de 15 à 20 % de la couche en 24 h.

Partie 1. Déclenchement d'avalanches de plaques

Le **glissement** est la translation, sans déformation, vers le bas de l'ensemble du manteau neigeux. La vitesse de glissement caractérise le mouvement du manteau par rapport au sol.

Le **fluage** de la neige est sa déformation lente et sans rupture (ou avant rupture) parallèlement à la pente. Cette déformation est la conséquence des propriétés viscoplastiques de la neige et des contraintes, même faibles, qu'elle subit.

La **reptation** est une déformation résultant **du glissement et de fluage.**

1.3.2 Module d'Young et coefficient de Poisson

Les deux principaux paramètres utilisés dans une étude mécanique sont le module d'Young et le coefficient de Poisson, puisque ces paramètres sont liés à l'élasticité linéaire du matériau[9].

La Figure 1.14 montre que le module d'Young augmente avec la densité de la neige. On se rend compte que le module d'Young est très faible pour des neiges de densité inférieure à 200 kg/m3. Or, c'est justement le domaine de densité qui nous intéresse, car généralement les plaques de neige sont constituées de grains fins, d'une densité moyenne de l'ordre de 200 kg/m3. On note une inflexion de l'augmentation du module d'Young en fonction de la densité pour des densités supérieures à 500 kg/m3 [10]

En ce qui concerne le coefficient de Poisson, les résultats sont dispersés, de l'ordre de 0.3 pour les densités supérieures à 400kg/m3. Les mesures ne sont pas aisées du fait de l'extrême compressibilité des neiges de faible densité.

Les propriétés élastiques de la neige dépendront essentiellement de :

Sa structure (taille des grains et des ponts, indice de coordination,...),

Sa densité,

Son histoire et son chemin de chargement,

Sa température[11].

---

[9] Cette hypothèse d'élasticité linéaire est très souvent utilisée car elle permet une simplification non négligeable du problème mécanique étudié. Le point essentiel est que, dans ce cas, les déformations sont réversibles (l'énergie est donc conservée).

[10] Ce résultat est cohérent car, au-delà de cette gamme de densité, la neige est considérée comme un névé. En fait, on appelle névé un manteau neigeux dans lequel les pores contiennent toujours de l'air mais sont isolés de l'extérieur. Le névé est un matériau poreux à cellules fermées. La structure du matériau change, et se rapproche de la structure de la glace. Le névé aura donc des propriétés relativement proches de la glace (où l'air est présent en plus petites quantités).

[11] Notons que certains paramètres vont être difficiles (voire impossible) à déterminer dans le cadre d'essai in situ. En effet, si la densité et la température sont accessibles par de simples mesures, son histoire et son chemin de charge, eux, ne sont pas aisés à évaluer.

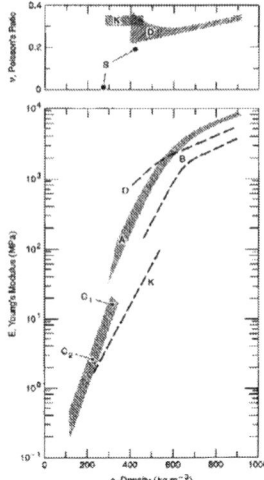

Figure 1.14 : Module d'Young et coefficient de Poisson en fonction de la densité. La Figure 1.14 montre les résultats obtenus par Mellor (1975) complétés des résultats de Kuvaeva et al. (1967) (K) sur les mesures dynamiques [12] et statiques du module d'Young et du coefficient de Poisson en fonction de la densité de la neige. Les points (S) sont issus de mesures quasi-statiques du coefficient de Poisson (Salm 1971). Plusieurs types d'essais ont été effectués : (A) propagation d'ondes, (B) et (C_1) : compression uniaxiale, (C_2) : essai de fluage statique, (D) : module complexe 10^3 Hz. (D'après Shapiro et al. 1997)

1.3.3 Cohésion de la neige

La cohésion caractérise, pour un matériau élasto-plastique, la résistance à la rupture d'un matériau au cisaillement pur. En fait, elle indique la « force » des liaisons entre les grains de neige.

On distingue quatre types de cohésions différentes dans la neige. Ces cohésions dépendront de la Teneur en Eau Liquide (T.E.L.) et de l'état de métamorphose de la neige. Ces différentes cohésions sont données ici par ordre croissant.

⇒ TEL = 0 : Neige sèche

cohésion de feutrage (pour les étoiles)

cohésion de frittage (pour les grains fins)

⇒ TEL > 0 : Neige humide

---

[12] Les mesures « dynamiques » du module d'Young et du coefficient de Poisson se font à l'aide des vitesses de propagation d'ondes de cisaillement et de traction. Ce sont donc des coefficients « dynamiques », qui représente le module d'Young tangent en 0 (vu que les déformations dues au passage de l'onde sont très faibles).

Partie 1. Déclenchement d'avalanches de plaques

cohésion capillaire (pour les grains ronds)

cohésion de regel (pour les croûtes de regel)

La Figure 1.15 représente la cohésion de la neige en fonction de sa densité. La taille des grains semble fortement influencer la cohésion de la neige. On s'aperçoit notamment que, pour des densités de 460 kg/m3, la cohésion peut varier de 10 à 30 kPa. *La densité ne peut donc pas caractériser seule les propriétés mécaniques de la neige.*

La Figure 1.16, elle, représente la cohésion en fonction de la surface spécifique de contact entre les grains. L'allure de la courbe montre bien une corrélation entre cohésion et surface spécifique de contact entre les grains. Plus la surface de contact est grande, plus la cohésion est importante. La densité ne semble pas avoir d'influence : Une neige de 440 kg/m3 (ce doit être des gobelets) a une cohésion nettement inférieure à une neige de densité 320 kg/m3 (ce doit être des grains fins).

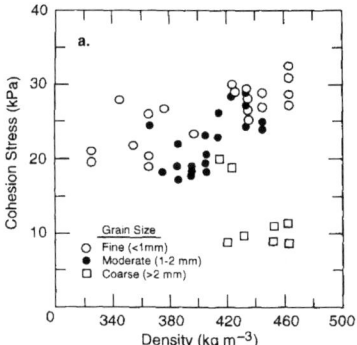 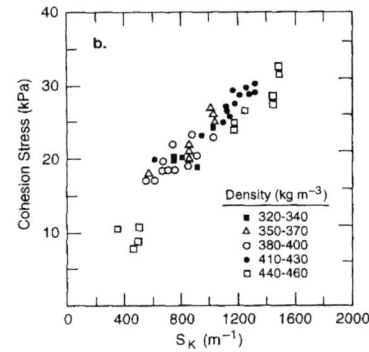

Figure 1.15 : Cohésion en fonction de la densité, essai triaxial (d'après Shapiro et al., 1997)

Figure 1.16 : Cohésion en fonction de la surface spécifique de contact entre grains (d'après Shapiro et al., 1997).

Ces figures (1.16, 1.17) ne nous montrent pas la cohésion de feutrage. Cette cohésion est très faible et résulte de l'enchevêtrement des dendrites pour des neiges fraîches (étoile). A ce stade (neige très fraîche) la densité est très faible (souvent moins de 100 kg/m3) ; il devient alors difficile de faire des mesures de cohésion.

Il faut cependant rester prudent sur les valeurs exposées : Les densités testées ici sont très élevées, allant de 320 à 460 kg/m3. Nous verrons que les avalanches de plaques sont généralement constituées de neige nettement moins dense, typiquement de l'ordre de 200 kg/m3.

1.3.4   Viscosité, plasticité et rupture de la neige

Figure 1.17 : Neige sur un toit. Sous l'effet de
la différence de température entre la partie coté soleil
et la partie coté toit, la neige s'est déformée plus
rapidement là où la température est la plus élevée.

Figure 1.18 : Formation d'un pli dans le
manteau neigeux

1.3.4.1   Différence plasticité / viscosité

Pour les mécaniciens, la plasticité fait intervenir les *frottements solides* (comme un poids sur une table) et la viscosité les *frottements visqueux*. Dans le cas de la viscosité, la vitesse intervient dans la loi de comportement (et non pas le temps qui dépend forcement d'une origine) alors que pour la plasticité, la loi de comportement est indépendante de la vitesse de sollicitation.

Une analyse du type géomécanique a été menée sur la neige par Desrue et al. (1980). Ils ont montré que le comportement mécanique de la neige jeune pouvait être représenté par une loi viscoélastique non-linéaire avec effet mémoire, cette loi rhéologique de la neige étant formulée de manière incrémentale. Ce comportement a été vérifié à l'aide fluage isotrope et des écrasements triaxiaux à vitesse constante. Boulon et al. (1977) démontrèrent l'application de tel type de loi à la méthode des éléments finis (Salm, 1982).

Les physiciens, eux, ne font pas de différence entre les comportements solides et visqueux, arguant que la plasticité n'est qu'un cas limite de la viscosité puisque le comportement d'un matériau dépend toujours de la vitesse avec lequel on le sollicite : la plasticité devient alors de la viscosité « quasi-statique ».

La neige est le plus souvent étudiée par des tests rapides en compression et en cisaillement mais plus rarement en traction. En effet, à des vitesses rapides, elle est bien moins résistante en traction qu'en compression ou cisaillement.

La neige, comme pratiquement tous les matériaux hétérogènes, résiste mieux à la compression qu'à la traction. Sur les pentes, les zones de convexité sont des zones de traction et les zones de concavités sont des zones de compression. Il faudra prendre garde à éviter les ruptures de pente lors d'un déplacement à ski : c'est à cet endroit que le manteau est le plus fragile

1.3.4.2   Rupture dans la neige

1.3.4.2.1   Résistance à la traction

La résistance à la traction est en général associée à la contrainte pour laquelle l'échantillon étudié se rompt. Elle est influencée (comme toutes les propriétés mécaniques) par la température, la taille et la forme des grains, la densité, etc. Pour des densités inférieures à 450 kg/m3, elle devient particulièrement faible. La dépendance en fonction de la forme des grains peut être résumée de la manière suivante : La résistance en traction augmente avec la taille des grains pour des neiges dendritiques (ce qui est logique puisque, dans ce cas, l'interpénétration des dendrites et donc le feutrage augmente). Pour des neiges frittées, la meilleure résistance est obtenue pour des structures contenant initialement une forte proportion de grains de faible taille13, elle diminue lorsque la taille des grains augmente. Elle est de l'ordre du kPa. Bien qu'une extrême variabilité soit observée, Jamieson et Johnston (1990) ont établi une loi empirique exprimant la résistance à la traction de la neige en fonction de la densité :

$$\sigma_T = 79.7 \left(\frac{\rho}{\rho_{glace}} \right)^{2.39} \text{ kPa, sauf pour les grains à face plane.}$$

où ρ est la densité de la neige (de 0.1 à0.345) et ρglace la densité de la glace.

Ils indiquent également que la résistance en traction décroît lorsque la vitesse de sollicitation augmente.

1.3.4.2.2   Résistance au cisaillement

La résistance au cisaillement est reliée à la pression normale exercée par la relation de Mohr-Coulomb : $\tau = c + \sigma n \tan(\phi)$

Où c est la cohésion du matériau, ϕ son angle de frottement, σn la contrainte normale, τ la résistance au cisaillement. Il est intéressant de remarquer qu'ici, l'entrée en plasticité et la rupture sont confondus.

---

[13] L'action mécanique du vent sur les dendrites a tendance à arrondir les cristaux (étoiles) et donc diminuer leur taille. Ceci explique donc pourquoi, les plaques de neige formées après une période ventée sont nettement plus résistantes en traction qu'une couche de neige (issu de la même chute) n'ayant pas été transportée par le vent.

Notons que la relation entre résistance au cisaillement et pression normale est non-linéaire dans le cas de la neige. En effet, si la pression normale contribue à augmenter la résistance au cisaillement, elle induit également une compaction de la structure (pour des neiges de faible densité).

Ici encore, les résultats sont très variables. De plus, peu d'études ont tenté de calculer l'angle de frottement de la neige. La résistance au cisaillement est de l'ordre de 5 kPa (Schweizer, 1998), donc environ du même ordre de grandeur que résistance en traction.

1.3.4.2.3 Transition ductile/fragile

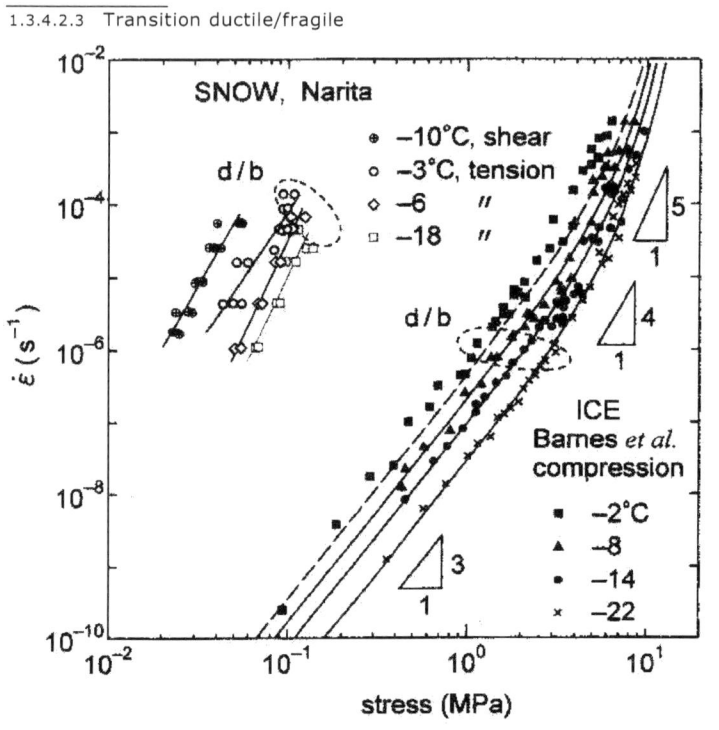

Figure 1.19 : vitesse de déformation fonction de la contrainte appliquée. (D'après Kirschner,2000).

Cette Figure 1.19 représente la vitesse de déformation en fonction de la contrainte appliquée (en compression). Les données de Barnes (1971) pour la glace suivent la loi de fluage de la glace. La dépendance de l'exposant n est notamment visible. Les données sur la neige ont été effectuées par Narita en 1980 et 1983 pour une neige de densité 340 kg/m3 (à 20 kg/m3 près).

Partie 1. Déclenchement d'avalanches de plaques

Il existe deux types de rupture (fragile ou ductile) [14]. Nous discutons plus en détails de cette différence de comportement dans la partie consacrée à la mécanique de la rupture (*cf. Partie 2.Chapitre 3*). Il faut tout de même savoir que le comportement de la neige dépend drastiquement de la *vitesse de sollicitation* :

Pour des vitesses de déformation supérieures à 10-4 s-1, on note que la rupture est fragile. Par contre, pour des vitesses inférieures, la rupture est ductile.

Le caractère ductile/fragile est fortement dépendant de la vitesse de sollicitation ainsi que de la température de la neige.

Il est à noter que les données entourées d'une ellipse indiquent la transition ductile/fragile. Elle correspond à une vitesse de déformation 100 fois supérieures et une contrainte 10 fois inférieure à la transition ductile/fragile de la glace.

1.3.5 Valeurs typiques des propriétés mécaniques d'une plaque

Ce ne sont pas des valeurs maximales ou minimales mais plutôt des ordres de grandeur des propriétés mécaniques pour une plaque dure (composée de grains fins) et une couche fragile.

---

[14] Lorsque la rupture est fragile, la fissure se devient instable, et se propage à de très grandes vitesses (de l'ordre de la vitesse du son dans la neige) entraînant une avalanche. Lorsque la rupture est ductile, la propagation de la rupture est « contrôlée » et continue.

Paramètres	Ordre de grandeur
Densité : ρ	100-300 kg.m^{-3}
Coefficient de Poisson : ν	0.1 - 0.4
Module d'Young : E	0.5 - 10 MPa
Module de cisaillement : G	0.1 - 5 MPa
Viscosité plaque : η_0	0.5 - 10×10^8 Pa.s
Viscosité couche fragile : η_s	0.1 - 1.5×10^8 Pa.s
Epaisseur couche fragile : d	1 - 15 mm
Epaisseur de plaque : H	0.3 - 1 m

Tableau 1 : Valeurs typiques des principales propriétés mécaniques de la neige.

Nous avons vu que toutes ces propriétés mécaniques dépendent intimement de sa température. Par contre, certains types de neiges peuvent avoir la même densité mais des propriétés mécaniques complètement différentes. On peut citer à ce titre l'extrême différence de comportement entre les gobelets (pulvérulent) et les grains fins (très cohésif)

1.4.   Complexe dans sa microstructure

1.4.1   Propriétés mécaniques d'un assemblage de grains

Nous avons vu que la neige était composée de grains, de tailles et de formes différentes. La structure granulaire de la neige lâche se caractérise par différents paramètres structuraux permettant de prendre en compte l'arrangement des grains ainsi que leurs liaisons. Deux neiges de même densité peuvent donc avoir des paramètres structuraux différents (et donc des propriétés mécaniques différentes).

Des études ont montré que l'essentiel de la déformation de la structure et du changement de propriétés mécaniques associées, sont liés à la variation du nombre de ponts de glace entre les grains par unité de volume. On note une augmentation linéaire du nombre de ponts par unité de volume avec la densité.

Une première hypothèse pourrait dès lors consister à considérer le grain comme unité représentative. La prise en compte de l'augmentation linéaire du nombre de ponts par grain (Nv) permettrait d'expliquer l'augmentation des caractéristiques viscoélastiques du matériau à l'échelle macroscopique. Mais une augmentation de Nv devrait alors s'accompagner d'une augmentation linéaire du module d'Young et de la viscosité. Nous avons vu, au paragraphe 1.3.2, qu'il n'en était rien. Cependant Kry (1975) note une variation fortement non linéaire de la viscosité se traduisant par un facteur 15 lorsque Nv est doublé... De façon à rendre compte de ces non-linéarités, Kry propose de considérer comme unité représentative non pas le grain mais une chaîne composée d'une série de grains reliés par des ponts de glace. Il suppose que l'essentiel de la déformation a lieu au niveau des ponts et que les grains sont considérés, en première approximation, comme rigides et ne jouant qu'un rôle de transmetteur de contrainte. D'après lui, il faut distinguer deux types de contact entre les grains : les contacts forts et les faibles. Tout se passe comme si le réseau de contact fort s'orientait dans la direction de la charge déviatoire appliquée à l'échantillon (comme pour le sable). Cependant les chaînes de grains en contacts forts ainsi formées sont instables. Leur stabilité sera alors assurée par la présence d'un réseau de contacts faibles orientés dans la direction orthogonale et « soutenant » l'ensemble. Ces contacts du réseau faible ont la possibilité de glissement ce qui implique que la majeure partie de la déformation plastique ait lieu dans ce sous réseau. Au final, le matériau se comporte de façon rigide plastique, la contribution rigide étant assurée par le réseau de contacts forts et la contribution plastique par le réseau de contacts faibles. Pour des matériaux cohésifs tels que la neige frittée, la décomposition en réseaux fort et faible reste valable. Mais contrairement au cas pulvérulent, les grains du réseau fort ont la capacité de se déplacer les uns par rapport aux autres par déformations élastiques, fluage ou encore rupture de certains ponts et formation de nouveaux ponts (il faut que les vitesses soient très lentes pour permettre aux mécanismes de frittages d'être actifs) [15].

Ce concept de chaîne a été développé depuis, notamment par Golubev et Frolov (1998). Ils développent un modèle de chaînes de grains. A la différence de Kry, ils utilisèrent un modèle d'assemblage régulier de grains, autorisant la variation des tailles et de types de contact ainsi que la distance inter granulaire. Comme leur modèle suppose des relations distinctes entre les différents paramètres structuraux, il est possible de prévoir les changements possibles de structures et de propriétés mécaniques de la neige lors de sa densification ou de sa métamorphose. Ils montrent que la porosité (rapport du volume des vides sur le volume total) semble être le meilleur paramètre pour examiner les propriétés mécaniques.

---

[15] Ce modèle de matériau granulaire non cohésif semble intéressant car il tient compte des arrangements géométriques entre les grains.

ponts. Cette approche microscopique semble donc donner des résultats macroscopiques satisfaisants. Ce ne reste cependant qu'un modèle dont les derniers développements (Davos) montrent que la donnée de la porosité et du diamètre des grains permet de retrouver toutes les propriétés microscopiques (*Nv*, nombre de coordination,...)

Nous avons vu que cette approche (Golubev, 1998) suppose que l'arrangement des grains est fixe (ceux ci peuvent grossir ou maigrir), ou que l'arrangement est statistique (Kry). Voyons maintenant les propriétés réelles de l'arrangement spatial des grains dans l'espace. Pour cela, nous allons faire une analyse fractale de la répartition de la masse dans l'espace.

1.4.2 Vers un arrangement fractal des grains ?

1.4.2.1 Définition d'une dimension fractale

Il est très difficile de donner une définition exacte, rigoureuse et exhaustive des fractales. Benoît Mandelbrot lui-même, qui a mis au point le concept et inventé le terme de fractal, déclare qu'on ne peut donner qu'une "définition empirique", aucune "définition abstraite" n'étant entièrement satisfaisante. Cependant, on peut relever plusieurs aspects caractéristiques des fractals:

- *Un fractal est un objet mathématique dont l'essence même est d'apparaître indéfiniment brisé ("fractal" vient du latin "fractio", qui signifie briser).*

- *Un fractal continue donc à présenter une structure détaillée à toute échelle.*
Un fractal est un objet statistiquement similaire à toutes les échelles.

Un fractal peut avoir une dimension euclidienne non entière. Cela signifie que la figure géométrique laissée par une association de lignes élémentaires n'est plus tout à fait une ligne mais pas non plus une surface (après une infinité d'itérations, la figure ne remplit pas toute la feuille).

Cette dimension est comprise entre 0 et 3. Prenons le cas d'une dimension comprise entre 1 et 2, typiquement la courbe de Koch (*cf. Figure 1.22*). La dimension fractale du flocon de Koch est égale à $\ln(4)/\ln(3) = 1.26$[16]. Etant donné que la neige fraîche est composée d'étoiles qui ont

---

[16] La dimension d'un fractal est donnée par la formule: $n(s) = s^{\,d}$
Où n est le nombre de figures identiques nécessaires pour obtenir une figure s fois plus grande (on dit aussi que s est le rapport d'homothétie).
d est alors la dimension de l'objet fractal. $d = \lim_{s \to 0} \dfrac{\ln(n)}{\ln(s)}$

Supposons que la longueur du coté du triangle initial est égale à 1. Le périmètre initial du triangle sera donc de $L_0 = 3$. A la première itération, chaque segment est remplacé par 4 segments de taille 1/3.

une surface très supérieure à leur volume (relativement), l'assemblage (formée de surfaces élémentaires) pourrait donner un objet qui n'est plus tout à fait une surface, mais pas encore devenu un volume. A la différence de fractals mathématiques (courbe de Koch), les fractals naturels sont statistiquement équivalents entre deux échelles (minimum et maximum). En dehors de cette gamme, le caractère fractal de l'objet naturel se perd. On peut citer, à titre d'exemple, le chou romanesco (*cf* Figure 1.23 : Illustration d'un fractal naturel : Le chou de romanesco vu à plusieurs échelles. Les cadres blancs représentent l'échelle de la photographie suivante.*Figure 1.23*) : les arborescences s'arrêtent lorsque l'échelle d'étude est inférieure à la taille de la plus petite « branche », de même que lorsque l'échelle est supérieure au chou…

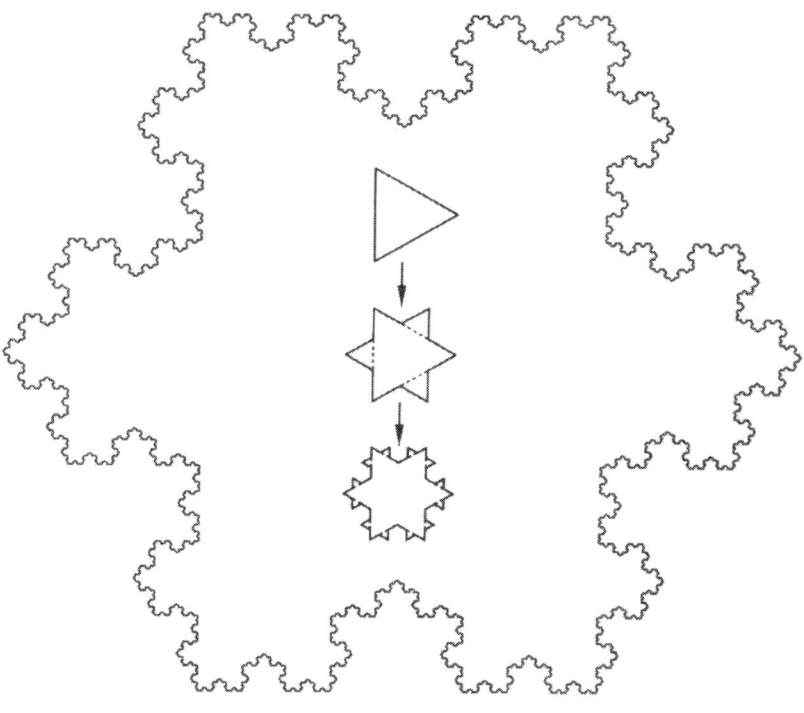

Figure 1.22 : Flocon de Koch (D'après Hergarten, 2002)

Le nombre de cotés, à l'itération n, est de $N_n = 3.4^n$. La longueur d'un coté, après n itérations sera de $L_n = 3^{-n}$.

Figure 1.23 : Illustration d'un fractal naturel : Le chou de romanesco vu à plusieurs échelles. Les cadres blancs représentent l'échelle de la photographie suivante.

1.4.2.2   Détermination d'une dimension fractale

Il existe plusieurs méthodes de détermination de telle dimension : La plus utilisée est la méthode du comptage de boites (box-counting). Dans cette méthode, on compte le nombre de boites cubiques N(r) (pour un problème en 3D) de coté r nécessaire pour couvrir entièrement la courbe à étudier. Si ce nombre suit une loi puissance : N(r) ~ r-D avec D non entier, la courbe est fractale. D est la dimension fractale associée à la méthode du box-counting. Il est important de noter que, dans la nature, le caractère fractal ne se retrouve que dans une gamme limitée d'échelle. Au-delà et en deçà ce caractère se perd.

1.4.2.3   Les résultats sur la neige

Le Centre d'Etude de la Neige (CEN) de Météo France a effectué des essais à l'ESRF de tomographie en rayonnement synchrotron de différents échantillons de neige. Le but est d'obtenir des images en 3 dimensions d'échantillons cubiques de coté environ égal à 1 cm. Ces images très impressionnantes nous permettent de visualiser la structure (granulaire, cellulaire) de la neige, la répartition géométrique des vides,...

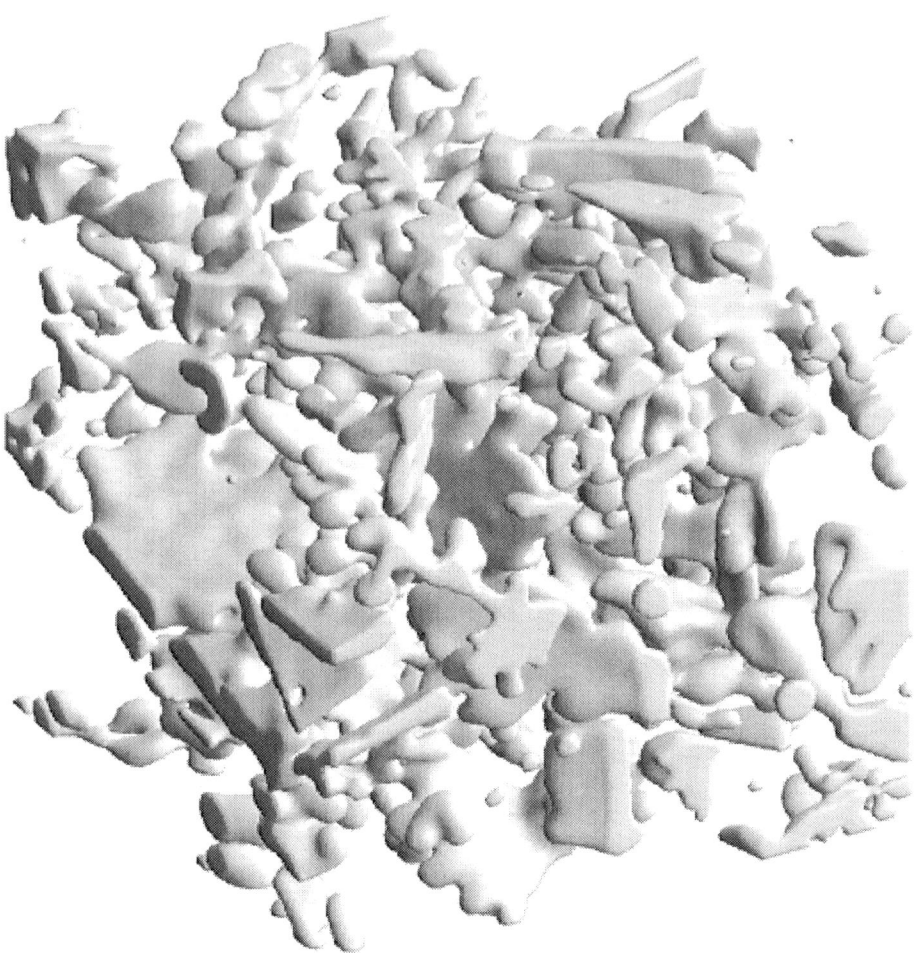

Figure 1.24 : Représentation volumique d'un échantillon de neige (coté du cube : 1 cm) (image CEN)

Dans le but de comprendre un peu mieux la structure de la neige, nous avons tenté de caractériser la dimension fractale de tels échantillons en appliquant la méthode du box-counting (Turcotte 1997). Cet exposant fractal donne une idée de la répartition spatiale des vides (donc de la glace).

Différents types de neige ont été testés, à différentes densités.

1.4.2.4   Les résultats

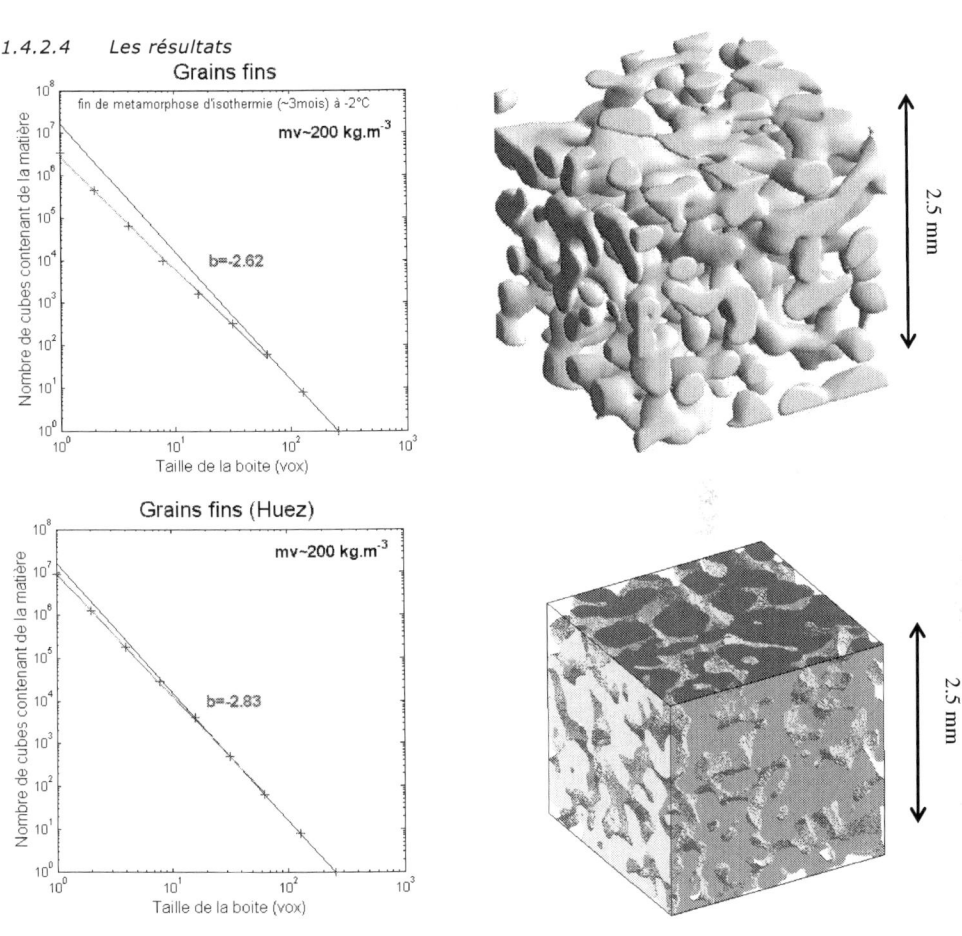

Grains fins

fin de metamorphose d'isothermie (~3mois) à -2°C

mv~200 kg.m^{-3}

b=-2.62

Nombre de cubes contenant de la matière

Taille de la boite (vox)

Grains fins (Huez)

mv~200 kg.m^{-3}

b=-2.83

Nombre de cubes contenant de la matière

Taille de la boite (vox)

2.5 mm

2.5 mm

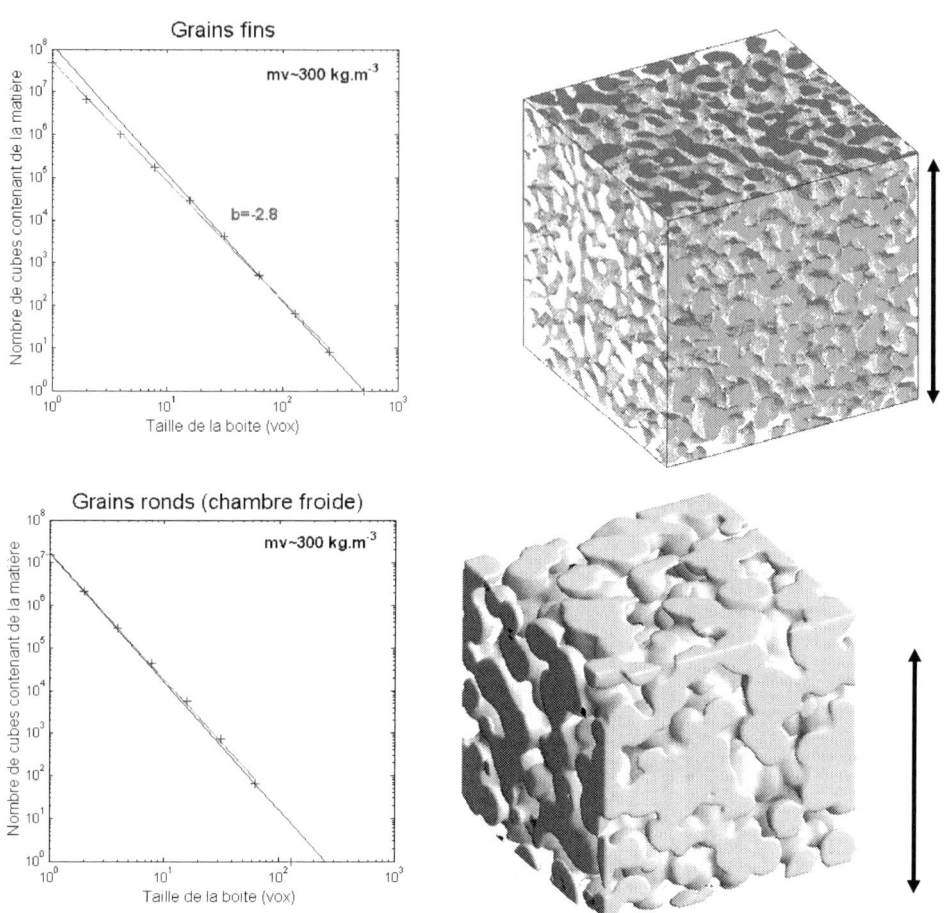

Figure 1.25 : Les courbes situées à gauche représentent les résultats de la méthode du box-counting des images d'échantillon de neige situées sur leur droite. Les images tomographiques 3D ont été reconstruites par le Centre d'Etude de la Neige de Météo France. (Images C.E.N.)

Partie 1. Déclenchement d'avalanches de plaques

La méthode du box-counting a été appliquée sur 4 échantillons de neiges, constitués de grains fins de diamètres différents. Malheureusement, la masse volumique des échantillons n'est qu'approximative. Les résultats devront donc être pris avec précaution.

On constate que l'exposant fractal semble augmenter avec la densité : il passe de 2.65 (et 2.83) pour une neige d'environ 200 kg/m^3 constituée de grains fins, à 2.8 (à environ 3) pour une neige à 300 kg/m^3. *L'exposant fractal se rapproche donc de 3 lorsque la densité de la neige augmente.*

Ce caractère fractal de la répartition de masse dans l'espace se produit pour de faibles dimensions de boîtes. En effet, le matériau est vu comme complètement homogène tant que la taille de boite est supérieure à la taille maximum des pores. Ce n'est que pour des tailles de boite inférieure qu'on pourra espérer voir une déviation par rapport à une répartition homogène (D=3). Cette remarque est cohérente avec le fait que les propriétés fractales d'un objet naturel n'est valable que dans une gamme d'échelle d'étude (*cf. 1.4.2.1*).

Il semble donc que la répartition fractale de la matière soit plus prononcée pour les neiges « jeunes » (au sens de métamorphose peu avancée) de faibles densités, ayant subies un gradient de température faible (grains fins, *cf. 1.2.2*). Ceci semble conforter le fait qu'initialement, lorsque la neige vient de tomber, les étoiles s'enchevêtrent et se répartissent de manière fractale dans l'espace. Puis, lorsque la neige se métamorphose, les étoiles se transforment et se réarrangent de telle sorte que le milieu se densifie et s'homogénéise. Ainsi, une couche de neige peu métamorphisée[17] (ou jeune) ne semble pas pouvoir être correctement représentée par un milieu homogène et continu.

Il semble que la neige fraîche ait un caractère fractal car elle est constituée d'un enchevêtrement d'étoiles dendritiques (elles-mêmes fractales : flocon de Koch) Peut être que le fait qu'il n'y ait qu'une direction de chargement (vertical) influe sur la "fractalité" initiale. Cela expliquerait que le vent (changement de direction de chargement) change "localement" les propriétés mécaniques.

Puis la métamorphose agit en arrondissant les grains. La couche de neige s'homogénéise et perd son caractère fractal.

La répartition géométrique des grains (et des chaînons de force) "pourrait" avoir conservé cet aspect fractal (*cf. Partie 2.4.3*) (le tassement induisant une orientation des directions des chaînons de forces).

---

[17] Ces neiges jeunes pourront, plus sûrement, être associées à un milieu poreux, ou à un milieu granulaire cohésif.

Il convient de rester prudent quant à cette analyse fractale : Nous n'avons des résultats que sur environ un ordre de grandeur. De plus, les résultats montrent une forte variabilité des exposants avec la densité (la densité n'est pas un paramètre pertinent).

1.5.   Le manteau neigeux : un niveau de complexité supplémentaire...

Plaçons nous maintenant à l'échelle macroscopique d'une pente, retirons notre loupe et montons sur la crête...

1.5.1   Complexe car sa structure est stratifiée

Le manteau neigeux se forme tout au long de la saison par l'accumulation des différentes chutes de neige tombées durant l'hiver. Chacune des couches représente donc une chute de neige. Nous avons vu dans la première partie que toutes les couches présentes dans le manteau vont suivre leur propre métamorphose et vont évoluer différemment pendant la saison. Ainsi, le manteau neigeux est composé d'une succession de couches de neige d'épaisseur, de propriétés mécaniques et physiques différentes[18].

D'un point de vue plus mécanique, l'étude de la stabilité du manteau neigeux doit tenir compte de l'anisotropie induite par sa stratification.

Non seulement le manteau est stratifié, mais les propriétés de chaque couche évoluent dans le temps. L'action de la reptation augmente l'hétérogénéité du manteau.

Les différences de viscosité des diverses strates de neige qui composent le manteau neigeux induisent des **vitesses de glissement (et de reptation) différentes**[19] sur les pentes. Ces

---

[18] Le manteau neigeux peut être considérer comme un mille-feuilles. Les couches de crème représentent les couches les plus fragiles.

[19] Les mouvements dus à la reptation ne se font pas toujours de manière uniforme à l'intérieur du manteau. En effet, les strates qui le composent sont constituées de neige aux propriétés viscoplastiques différentes. Elles n'auront pas toutes les mêmes capacités à se déformer ou à fluer à la même vitesse. Des contraintes peuvent alors se développer et se concentrer sur certaines strates. Avec la déformation lente du manteau c'est donc aussi la répartition des contraintes en son sein qui évolue.

propriétés de plasticité et de viscosité de la neige vont donc induire **une instabilité** supplémentaire du manteau neigeux.

1.5.2 Complexe car variabilité spatiale et temporelle

Nous avons vu que la neige était en constante métamorphose donc en constante évolution structurelle. Les 4 facteurs influençant la métamorphose (*cf. 1.2*) résultent eux même d'une multitude de causes (orientation de la pente, altitude, météo, etc.). La variabilité temporelle induite par la métamorphose rend donc l'étude de la stabilité dans le temps du manteau neigeux très difficile.

La variabilité spatiale peut se décomposer en une variabilité verticale et une longitudinale. La variabilité verticale sera de l'ordre de la dizaine de centimètres (elle est régie par l'épaisseur de chaque couche de neige). La variabilité longitudinale sera, elle, de l'ordre du mètre[20] (elle est régie par la topographie du terrain et par le vent[21])

Pour les même raisons que la variabilité spatiale, on comprend donc bien que, même à l'échelle d'une pente, le manteau neigeux aura des propriétés mécaniques locales très variables : Le vent et la topographie du terrain participent pour beaucoup à la variabilité spatiale de ces propriétés mécaniques. Elle est donc de l'ordre du mètre.

Il faudra donc tenir compte de cet ordre de grandeur de différence entre variabilité vertical et longitudinal dans les études ultérieures

---

1.5.3 Existence de couches fragiles

Nous avons vu que le manteau neigeux est constitué d'une superposition de couches de neige aux propriétés mécaniques très disparates. Ils se forment notamment des couches fragiles au niveau des interfaces entre les différentes couches (givre de surface enfoui, neige fraîche). Ces couches fragiles sont généralement très peu épaisses (de l'ordre du centimètre), donc très difficiles à localiser précisément.

Si avec le temps certaines contraintes deviennent trop fortes à certains endroits, il peut y avoir rupture d'une ou plusieurs interfaces.

[20] L'expérience montre que, à 2 mètres près, les propriétés du manteau neigeux peuvent varier énormément.

[21] Le vent a en effet tendance à « lisser » le manteau neigeux (il permet aux trous de se combler).

Ces couches vont avoir un rôle prédominant sur la stabilité du manteau neigeux[22]. Un peu comme les maillons d'une chaîne, c'est la couche ayant les résistances mécaniques les plus faibles qui va déterminer la résistance globale du manteau (donc sa stabilité).

De l'avis général, la couche fragile a des propriétés mécaniques extrêmement variables dans l'espace : Des caractérisations systématiques de couche fragile ont été entreprises par Schweizer sur une pente témoin. Les résultats montrent que l'épaisseur et les propriétés mécaniques sont extrêmement variables

L'hétérogénéité de la couche fragile va donc jouer un rôle central dans l'étude de la stabilité du manteau.

1.6. Les études in situ de caractérisation mécanique du manteau

Plusieurs types d'études in situ ont été menés jusqu'à présent : Des études sur l'émission acoustique du manteau neigeux, des mesures de variabilité spatiale des propriétés mécaniques de la neige, des tests rutschblock pour déterminer la stabilité d'une pente, des mesures d'indices de stabilité (à l'aide de cadre de cisaillement ou shear frame), des mesures de profil de résistance à l'enfoncement du manteau.

1.6.1   Sondage par battage et profil stratigraphique

C'est de loin le test le plus ancien et le plus pratiqué pour avoir une idée de la stabilité du manteau neigeux. Il permet de déterminer l'épaisseur, de la composition et de la résistance à l'enfoncement de chacune des couches de neige composant le manteau neigeux. Le test consiste laisser tomber un poids d'une hauteur fixe sur une sonde dont l'embout est conique et de compter le nombre de coups nécessaires pour enfoncer la sonde de 5 cm. Il est ensuite possible de remonter à la résistance de la neige à l'enfoncement d'un pieu. Parallèlement à ce sondage, une coupe stratigraphique du manteau neigeux est effectuée. Les informations recueillies sont centralisées sur un schéma

---

[22] Les couches fragiles se forment très rapidement : il suffit que la neige tombe sans vent, puis que le vent souffle. Initialement, la neige déposée dans une combe est constituée de neige poudreuse (étoile). Puis, dès que le vent souffle, il ramène sur cette couche pulvérulente une couche de neige où les cristaux ont été cassés (du fait de l'action mécanique du transport). Finalement, on aura une couche dure (constituée de grains fins très cohésifs) qui surmonte une couche aux propriétés mécaniques faibles (neige pulvérulente).

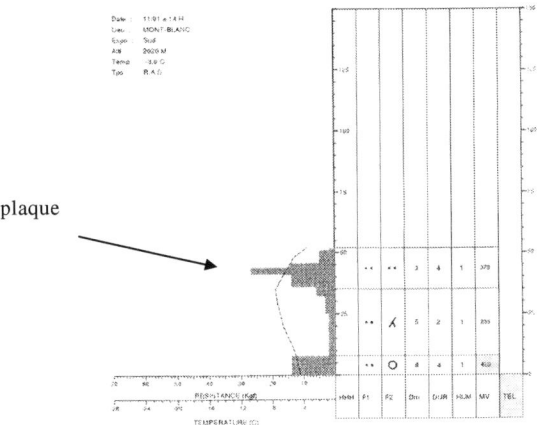

plaque

Figure 1.26 : Exemple de résultats obtenus par un sondage par battage sur un manteau neigeux propice à un déclenchement d'avalanche de plaque. Sur ce schéma est représenté pour chaque couche : le type de grains présent, la masse volumique, le diamètre moyen des grains, éventuellement la Teneur en Eau Liquide et la résistance mécanique (zone grisée) ainsi que le profil de température dans le manteau neigeux (ligne pointillée).

Cette méthode de caractérisation des propriétés physiques et mécaniques est *locale*, i.e. ce sont les propriétés en un point du manteau neigeux (susceptible de varier énormément selon l'endroit où le test est effectué).

La résistance des couches de neige a été mesurée à l'aide d'un sondage par battage ou d'un Pandalp[23] (respectivement Birkeland et al. (1995), Burlet, 1999). Birkeland et al ont montré que la résistance moyenne variait de 28 à 58%, alors que la hauteur de neige moyenne variait, elle, de 13 à 30%, ces résultats étant confirmés par Burlet. Il ne relia pas la résistance du manteau à sa stabilité. D'ailleurs, on ne peut pas, en général, les relier directement car la rupture peut apparaître même lorsque la résistance du manteau n'est pas atteinte. De plus, cette méthode donne une résistance moyenne qui peut aider à trouver des zones de faibles propriétés mécaniques mais qui n'est pas adaptée pour trouver des zones fragiles (d'épaisseur très faible).

1.6.2   Mesures acoustiques

Les émissions acoustiques dans le manteau neigeux sont assez mal comprises. On pense qu'elles résultent de l'apparition de micro fractures. D'autres sources possibles d'émissions peuvent être induites par l'effet de la friction entre plusieurs couches de neige. Plusieurs

---

[23] Pandalp : Pénétromètre Dynamique Portable Autonome et Automatisé, (Gourvès, 1991 Flavigny, 1994)

capteurs sont répartis sur la pente de façon à pouvoir localiser l'endroit où l'émission de l'onde s'est initiée. Mais la question clef, pas encore vraiment élucidée, est : Comment se propagent les ondes dans ce milieu (poreux) ? (Sommerfield, 1982).

La sismologie nous apprend que la durée de l'événement est liée à la longueur (ou surface) de la rupture. En d'autres termes, plus la durée de l'émission acoustique est longue, plus la surface de la rupture est grande. Gubler et Sommerfeld (1983) ont enregistré les émissions acoustiques d'un manteau neigeux naturel dans une gamme de fréquence de 10 à 100 Hz. Ils conclurent que la taille de fissure provoquant de tels signaux variait de 0.1 à 1 m.

1.6.3   Test rutschblock et cadre de cisaillement

Föhn et al. (1998), quant à eux, ont étudié les variabilités spatiales des propriétés mécaniques du manteau à l'aide du test rutschblock24, et de mesures de résistance au cisaillement (cadre de cisaillement). Ils ne trouvèrent pas de preuve flagrante de l'existence de couches fragiles puisque la résistance de la neige varie dans le même ordre de grandeur que les autres propriétés mécaniques (15-30%).

Jamieson et Johnson (1990) tentèrent aussi de caractériser ces zones de faiblesse dans le manteau neigeux. Par contre, ils montrèrent que, dans des zones telles que le sommet des pentes, près des arbres, sur des pierres, le test de rutschblock donnait des résultats bien différents du reste de la pente. Ils trouvèrent une relation similaire à celle de Föhn entre le test rutschblock et l'activité avalancheuse. Ils comparèrent aussi l'indice de stabilité pour un skieur avec l'activité avalancheuse (estimations faites à partir de mesures faites à l'aide du cadre de cisaillement) et estimèrent que cet indice était un bon indicateur du déclenchement possible d'une plaque par un skieur. Si cet indice S est inférieur à 1, alors le déclenchement accidentel est probable ; pour des valeurs supérieures à 1.5, le déclenchement devient improbable. Par contre, ils montrèrent que cet indice semble moins bien adapté aux déclenchements naturels.

Finalement, toutes ces études ont prouvé que les propriétés mécaniques du manteau neigeux sont extrêmement variables à l'échelle d'une pente. Aucune zone super-fragile n'a été trouvée dans les études de terrain (Föhn, Jamieson).

[24] Le test rutschblock consiste à isoler un bloc du manteau neigeux (on le sépare du reste). Puis un skieur monte sur ce bloc. Le test consiste à regarder lorsque le bloc casse (en cisaillement). Si le manteau neigeux est stable, le bloc ne se rompt jamais. S'il est instable, le bloc se rompt dès la montée du skieur ou après plusieurs flexions. Ce test n'est que qualitatif.

1.6.4 Mesures de ténacité

Une seule équipe avait, jusqu'à présent, tenté de mesurer la ténacité de la neige (Kirchner et al., 2000).

Nous verrons, au Chapitre 3, que la ténacité d'un matériau est définie à partir de la contrainte loin de la fissure et de la taille de la fissure. Deux possibilités s'offrent donc à nous : soit augmenter la contrainte loin de la fissure en gardant une taille de fissure constante, soit augmenter la taille de la fissure en maintenant la contrainte constante loin de la fissure. Expérimentalement, il va être difficile d'augmenter continûment la sollicitation extérieure. La deuxième solution fut donc retenue pour des raisons de simplicité expérimentale : La contrainte sur l'échantillon est appliquée par l'intermédiaire du poids de la neige et il faut propager « à la main » une fissure jusqu'à obtenir une propagation catastrophique de la rupture.

Les résultats de Kirchner et al. montrent que la ténacité en mode I de la neige est très faible, de l'ordre de 1000 Pa.m$^{1/2}$ ce qui fait de la neige le matériau le plus fragile existant dans la nature. L'ordre de grandeur de la ténacité en mode II n'est pas encore bien défini, mais il semble qu'elle soit un peu plus forte.

Résume : Le matériau neige

⇒ La neige est un matériau **hétérogène** (mélange d'air, de glace et d'eau liquide).

⇒ La neige est un matériau **granulaire cohésif, poreux**.

⇒ Plusieurs types de grains existent, leurs formes pouvant être très différentes.

⇒ Sa structure granulaire est en constante évolution. Elle dépend des conditions extérieures : c'est la **métamorphose** de la neige.

⇒ Du fait de ce changement de structure microscopique, les propriétés physiques et mécaniques de la neige changent au cours du temps.

⇒ La neige est aussi un matériau visqueux et plastique. Cette propriété se traduit par un mouvement lent vers l'aval appelé reptation.

⇒ Le manteau neigeux est composé d'une succession de couches de neige d'épaisseur, de propriétés mécaniques et physiques différentes

⇒ Les hétérogénéités et les défauts entre les couches vont avoir beaucoup d'importance sur la stabilité mécanique du manteau neigeux.

Chapitre 2 Les avalanches

Partie 1. Déclenchement d'avalanches de plaques

En France, les avalanches sont responsables d'environ 31 décès par an (moyenne sur les 12 dernières années). L'année 2001-2002 a vu 39 accidents impliquant des personnes : 77 ont été emportées, 36 ensevelies, 20 blessées, 28 indemnes et 29 sont décédées. Les causes de déclenchement sont le plus souvent accidentelles (33 accidentelles contre 1 naturelle). Sur les 39 accidents répertoriés, 30 étaient des départs linéaires (plaque) et 3 des départs ponctuels. (ANENA No 100 décembre 2002)

Une avalanche est un volume de neige mis en mouvement sous l'action de la gravité. Elle résulte donc d'une rupture dans le manteau neigeux. Sa complexité mène donc à la formation d'une multitude de morphologies différentes d'avalanches.

On distingue schématiquement trois catégories principales d'avalanches:

- les avalanches *de neige récente*,
- les avalanches *de plaques*,
- les avalanches de *neige humide*.

On classe une avalanche dans l'un de ces 3 types en observant :

- La phase de départ
- La phase de transition
- La phase d'arrêt

ZONES :

de Départ

de transition

d'arrêt

Figure 2.1 : Définition des zones de départ, de transition et d'arrêt d'une avalanche (Photo M. Caplain)

Les caractéristiques de ces différentes zones nous renseigneront sur la nature de l'avalanche rencontrée. Nous allons décrire chaque type d'avalanches en caractérisant successivement les zones de départ, de transition et de dépôts (cf. Figure 2.1). Puis, nous expliciterons les risques inhérents à chaque type.

2.1. Les avalanches de neige récente

Comme son nom l'indique, les avalanches de ce type sont composées de neige fraîche. Elles se déclenchent donc pendant l'épisode neigeux (ou dans les deux jours qui suivent). Généralement, la zone de départ est ponctuelle : une boule de neige commence à rouler et entraîne de proche en proche la neige récente, légère et sans cohésion reposant sur la pente. L'avalanche grossit et prend de l'ampleur jusqu'à former un aérosol. S'il y a un début de cohésion de frittage, la cassure peut aussi être linéaire[25]. Dans ce type d'avalanche, la zone de

---

[25] On distingue 4 « sous-classes » : les avalanches de poudreuse (décrites dans ce chapitre), les coulées de neige (même caractéristiques mais les vitesses d'écoulement sont faibles du fait de faibles

Partie 1. Déclenchement d'avalanches de plaques

transition laisse des traces plus ou moins visibles. Pour des neiges sèches, le dépôt est peu visible et homogène sur un large périmètre. Par contre, pour des neiges récentes humides, les boules s'accumulent dans la zone de dépôt : en ce cas, le dépôt est fortement hétérogène.

Ce type d'avalanche très spectaculaire est constitué de neige froide, légère et sans cohésion, de masse volumique généralement inférieure à 100 kg/m3. Elle s'écoule à très grande vitesse à condition que l'angle et la longueur de la pente soient suffisants. Une fois le mouvement amorcé, cette neige se mélange à l'air et s'écoule comme un gaz lourd en formant un aérosol. C'est ce qui caractérise ce type d'avalanche, son écoulement est en partie aérien, alors que pour tous les autres types, l'écoulement se fait près du sol. Le front de l'aérosol ainsi créé peut dévaler les pentes jusqu'à 300 km/h (voir plus : exemple du Mont Cook, Ancey et al. 2000 p106). Elles acquièrent une énergie considérable et repoussent l'air devant elles en créant une onde de choc. Les dégâts liés à ce type d'avalanche sont causés par cet effet de souffle : La vitesse étant très élevée, les ondes de choc vont tout détruire sur son passage : Tout d'abord, l'onde de choc amont va créer une très forte surpression puis l'onde de choc aval va provoquer une dépression très importante. Cette combinaison très rapide de surpression et de dépression va tout « exploser » sur son passage (arbres, constructions,...). Par contre, en l'absence de dommages matériels ou corporels[26], le passage d'une avalanche de poudreuse est souvent difficile à déceler. Sur son parcours, elle ne laisse ni boules, ni blocs de neige et la zone d'arrêt a une superficie très large sans accumulation nettement visible.

2.2. Les avalanches de neige humide

Ce type d'avalanche se produit lorsque la neige est humide ou mouillée. Lorsque la teneur en eau liquide augmente, la cohésion capillaire diminue. A terme, cette humidification de la neige fragilisera considérablement le manteau neigeux. Ces avalanches de fonte ont évidemment lieu lorsque les conditions météo sont propices : Au printemps (lorsqu'il fait chaud) et en fin d'après midi (lorsque le temps d'exposition est maximum). Bien que l'écoulement soit lent (entre 20 et 60 km/h), il peut tout détruire sur son passage du fait de son énorme densité.

En général, le départ est ponctuel, mais il peut arriver, dans le cas de manteau neigeux à stratification marquée, que l'on retrouve des cassures linéaires. L'humidification des couches n'est pas toujours homogène et des bonnes cohésions peuvent encore persister localement.

pentes), les avalanches de plaques friables (même caractéristiques que les avalanches de poudreuse mais leur départ est linéaire), et les avalanches de neige récentes humides.

[26] Il est à noter que les victimes de ces avalanches meurent le plus souvent **noyées** : les cristaux de neige très fins pénètrent dans les voies respiratoires et fondent au contact des poumons.

Les pentes les plus exposées au soleil (l'exposition est fonction de la saison) seront les premières à se déclencher. Ces masses de neige peuvent se mettre en mouvement sur des pentes à peine supérieures à 25°.

Ces avalanches suivent souvent des parcours privilégiés bien localisés et connus car ils dépendent essentiellement de la topographie, et sont des agents d'érosion importants de la montagne. Néanmoins des versants entiers peuvent être concernés par ce type d'avalanche, en particulier, certaines zones de pelouse sont des pentes privilégiées pour leur déclenchement. La fréquence des déclenchements empêche la végétation de repousser sur leur trajet et met bien souvent la terre à nu. Les avalanches de ce type transportent au fond des vallées d'énormes quantités de neige parfois associées à toutes sortes de matériaux arrachés sur le trajet[27].

La zone de dépôt est constituée de blocs informes, de masses volumiques importantes (jusqu'à 600 kg/m^3), se chevauchant sur un cône d'avalanche de plusieurs mètres de hauteur. Il se peut alors que la neige persiste longtemps dans les vallées, alors qu'aux alentours la végétation a déjà pris les couleurs estivales.

2.3. Les avalanches de plaques

Nous nous intéressons ici aux avalanches de plaques dures. Comme le départ en plaque est associé à la cohésion de frittage, les contraintes vont pouvoir se transmettre dans le manteau neigeux. Une mise en tension du manteau neigeux va donc conduire à un point de rupture local. Cette amorce de fissuration va donc pouvoir se propager en une cassure linéaire qui peut parfois atteindre de très grandes dimensions. La zone de départ est donc une cassure linéaire. Les zones de transition et d'arrêt sont jalonnées de blocs de forme rectangulaire de tailles variés. Ces blocs se retrouvent souvent sous cette forme à la zone de dépôt (si la vitesse n'a pas été trop importante et le trajet trop long).

Les plaques dures se forment toujours sur une couche de faible cohésion (Neige fraîche, faces planes, gobelets, éventuellement givre de surface enfoui…).

Deux cas peuvent mener à la formation de plaques dures :

- une métamorphose de faible gradient à la surface du manteau neigeux
- une neige ventée sur une sous-couche à faible cohésion.

Le vent est un des facteurs importants à l'origine de la formation des plaques. En effet, le transport de la neige par le vent, pendant ou après la chute, brise les cristaux, fait diminuer

---

[27] La pression exercée sur les obstacles rencontrés lors du parcours représente des dizaines de tonnes par m^2. Ceci explique l'arrachement de blocs de rochers ou d'arbres.

Partie 1. Déclenchement d'avalanches de plaques

sensiblement leur taille et permet à la neige redéposée de prendre rapidement une forte cohésion : ce phénomène est appelé frittage. Le vent accélère ce phénomène[28].

Chacun de ces cas mène à une cohésion de frittage de la strate supérieure du manteau neigeux. Un manteau susceptible de partir en avalanche de plaque sera généralement constitué d'une strate supérieure possédant une cohésion de frittage (bonne cohésion) sur une couche de faible cohésion (nulle ou feutrage).

Pour bien comprendre la formation des plaques à vent, il faut revenir sur le phénomène de frittage. Rappelons qu'il s'agit de la formation d'un pont de glace entre deux grains de neige en contact. La vitesse de formation de celui-ci dépend de la température, mais surtout de la taille des grains dont elle est une fonction décroissante (la force motrice résultant de l'énergie d'interface, plus la taille des grains est faible plus la vitesse de frittage est importante). Par conséquent, des petits grains de neige, résultant de l'action du vent, prendront une bonne cohésion très rapidement, ce qui explique par exemple la formation des corniches pendant un épisode très venté.

Sur le versant exposé au vent, il y a ablation d'une partie de la neige et formation de congères près des obstacles. Sur les crêtes, côté sous le vent, des corniches se forment généralement et, en contrebas où le vent perd de sa vitesse, la neige transportée s'accumule créant des plaques à vent[29].

Ces avalanches sont très dangereuses pour les skieurs et les randonneurs car elles peuvent se déclencher à tout moment. Une fois formée, une plaque peut rester dangereuse jusqu'à sa fonte. De plus, elles sont très difficiles à déceler. Pratiquement toutes les avalanches de plaque se déclenchent sur des pentes entre 30 et 40° (*cf. Figure 2.2*). Or, à priori, les risques les plus forts (d'un point de vue mécanique) sont pour des pentes de 45°. En effet, pour de telles pentes, le cisaillement est maximum. L'explication vient sûrement du fait que ce sont les pentes à 35° qui sont le plus skiées (équivalent d'une piste noire).

---

[28] Il n'est pas nécessaire d'avoir un vent très violent, **à 25 km/h** une plaque peut se former en **quelques heures** (les grains de neige se déplaçant alors dans les 20 à 30 premiers centimètres au-dessus du sol par saltation).

[29] Si, d'une manière générale, les plaques se forment sur le versant abrité du vent (si la direction est restée constante), au voisinage des crêtes, ce n'est pas une règle absolue et l'on peut rencontrer des plaques bien plus bas que sous les crêtes principales dès lors que des aspérités du relief font obstacle au vent et provoque une redéposition de la neige sur la partie abritée du vent dominant.

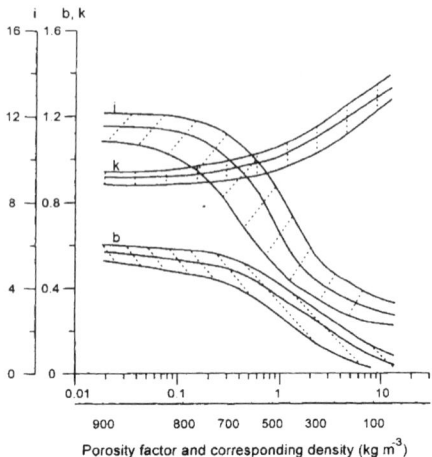

Figure 1.20 : (i) Nombre de coordination, (k) facteur de friabilité (distance entre deux grains divisés du diamètre moyen des grains), (b) facteur de rigidité (rapport entre le diamètre de la zone du contact et le diamètre moyen des grains) en fonction de la porosité. (D'après Golubev, 1998)

La Figure 1.20 montre que le nombre de coordination ainsi que le facteur de rigidité diminue lorsque la porosité augmente. Il y a donc moins de contacts entre les grains et ces contacts sont plus petits. Le facteur de friabilité, lui, augmente lorsque la porosité augmente. Les grains sont donc plus éloignés les uns des autres.

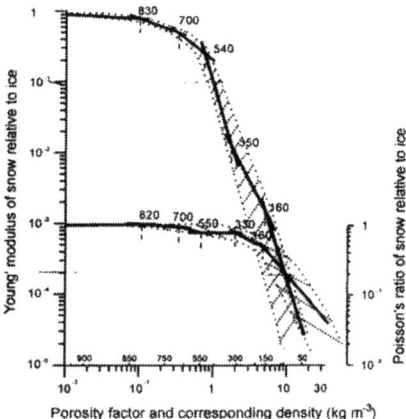

Figure 1.21 : Module d'Young et coefficient de Poisson : Comparaison entre le modèle (ligne pleine) et les résultats expérimentaux. (D'après Golubev, 1998)

Ce modèle semble rendre compte de l'évolution des propriétés mécaniques avec les paramètres structuraux de l'assemblage tels que le nombre de coordination ou la taille des

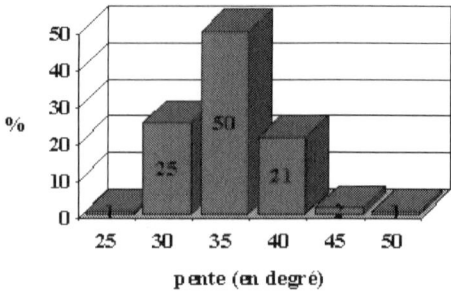

Figure 2.2 : Distribution des avalanches de plaque (en %) en fonction de la pente (en °).

Les statistiques montrent qu'environ ¾ des accidents mortels sont dus à des avalanches de plaques.

La couche fragile est composée, d'après les statistiques, à 60% de grains anguleux (cf. Figure 2.3), donc de neige de faible cohésion.

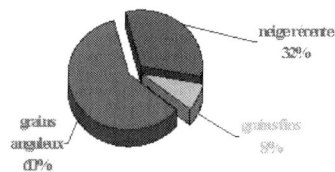

Figure 2.3: Forme des grains observés dans la couche fragile (qui se rompt en cisaillement)

2.4. Comparaison qualitative des différentes approches à notre disposition pour étudier la stabilité d'un manteau neigeux

Différents types d'approches sont susceptibles d'être employées pour étudier la stabilité d'un manteau neigeux.

Etant donné qu'une avalanche résulte de la propagation d'une fissure basale, suivie d'une rupture en traction, les travaux se sont centrés sur l'étude de la rupture dans le manteau neigeux. Pour ce faire, plusieurs approches déterministes peuvent être employées.

Il est à noter que toutes les approches déterministes envisageables pour étudier la stabilité du manteau neigeux découlent essentiellement de la Mécanique des Milieux Continus (MMC). Cette approche est très générale car les hypothèses ne sont pas très contraignantes. L'étude de la stabilité du manteau neigeux (étude de la rupture) s'est développée à partir de cette base théorique.

Pour représenter au mieux le manteau neigeux, on a « complexifié » les modèles en faisant intervenir la structure particulière (stratifié) du manteau neigeux.

Partie 1. Déclenchement d'avalanches de plaques

D'autres approches, initialement développées pour les sols (glissement de terrain), ont aussi été mises en œuvre pour déterminer la stabilité d'une pente de neige.

Le phénomène de propagation de fissure a aussi été étudié en s'appuyant sur la mécanique de la rupture, initialement développée pour l'étude des fissures dans les métaux.

D'autres approches, valable à l'échelle microscopique, ont aussi été explorées. Ces approches furent initialement développées pour l'étude des milieux granulaires tels que le sable, les poudres,...

Il est intéressant de constater que toutes ces approches étaient initialement destinées à l'étude d'autres matériaux. Elles ont ensuite été appliquées au matériau neige.

Le tableau de synthèse ci dessous indique les différentes approches envisageables pour étudier le problème de la stabilité d'une pente. En regard, nous avons explicité les principales hypothèses faites dans chacun des cas, le principe de l'approche, ainsi que les avantages et les inconvénients inhérents aux différentes approches.

Chapitre 2. Les avalanches

Approche	Hypothèses	Principe	Avantages	Inconvénients
Mécanique des Milieux Continus (MMC)	Hypothèse de continuité du matériau : Echelle d'étude supérieure à échelle caractéristique du matériau (continuité du champ de déplacement : 2 points proches restent proches)	Utilisation des 4 principes fondamentaux : Principe de conservation de la matière, principe fondamental de la dynamique, premier et deuxième principe de la thermodynamique auxquels on ajoute une loi de comportement dans laquelle est inclus le critère de rupture (Mohr-Coulomb, Tresca, Von Mises)	Approche très générale, car hypothèse peu contraignante. Possibilité de calculs analytiques. Utilisation de codes Eléments Finis. Approche la plus utilisée	Ne s'applique plus au niveau microscopique (échelle étude<échelle caractéristique) Nécessite la connaissance de tous les paramètres mécaniques utilisés dans l'étude
MMC + interface	continuité du matériau + milieu constitué de 2 couches séparées par une interface	Idem que ci dessus. Modélisation des différentes couches du manteau neigeux. Introduction de propriétés de liaison aux interfaces entre les couches.	Modélisation adaptée à l'étude de stabilité d'un manteau neigeux.	Idem + Quelles propriétés d'interface d'utiliser ? Approche locale (étude à l'échelle d'une pente)
Mécanique à la rupture	Continuité du matériau Comportement rigide plastique parfait. Critère de Mohr-Coulomb	Calculs de facteurs de stabilité aux états limites sur différentes géométries de ruptures potentielles (rapport des efforts mobilisables aux efforts appliqués).	Méthode opérationnelle appliquée, dans le cas de la neige, à l'échelle d'une pente	Nécessite la connaissance de tous les paramètres mécaniques utilisés dans l'étude (mv, e, c, phi, topo) Approche statique
Mécanique de la rupture	Continuité du matériau Existence d'une fissure au sein du matériau Matériau élastique linéaire Rupture fragile	Comparaison entre l'énergie élastique relaxée lors de la propagation de la fissure et l'énergie nécessaire pour créer une nouvelle surface. OU, calcul des facteurs d'intensité de contraintes en tête de fissure	Prise en compte des concentrations de contraintes en tête de fissure Définition d'un paramètre intrinsèque à la rupture : la ténacité	Nécessite la connaissance de tous les paramètres mécaniques utilisés dans l'étude
Mécanique des Milieux Granulaires	Matériau constitué d'un ensemble de grains, chaque grain ayant un comportement simple.	Mouvement de chaque grain régit par le principe fondamental de la dynamique. Interactions entre les grains au niveau des points de contact	Etude à l'échelle microscopique d'un matériau granulaire Utilisation de Codes Eléments Distincts.	Difficulté de passage à l'échelle macroscopique (trop de grains et de contacts à gérer)
Mécanique des Milieux Cellulaires	Neige = mousse de glace Réseau de grains intégralement reliés formant un réseau de cellules périodique	Le comportement mécanique d'une cellule élémentaire est calculé (à l'aide de la RdM). Passage au comportement macroscopique (Homogénéisation / passage micro-macro)	Approche adaptée à l'étude mécanique des mousses (cellules ouvertes ou fermées)	Mousse périodique (hétérogénéité pas prise en compte)

2.5. Etude critique des différents modèles basés sur la MMC et l'existence d'une couche fragile

Il est généralement admis que le déclenchement des avalanches résulte d'une rupture en cisaillement au niveau d'une couche fragile, suivie d'une rupture en traction dans la plaque dure (Schweizer, 1999).

Des expériences en laboratoire ont montré que les propriétés mécaniques de la neige (cf. 1.3) dépendent généralement du taux de chargement.

Dans le cas d'un déclenchement accidentel, il est clair que lors du passage du skieur, le taux de chargement « critique » peut être atteint lors du passage du skieur sur la plaque. Par contre, ceci semble plus difficilement explicable pour un déclenchement naturel où, dans ce cas, le taux de chargement est quasiment nul (statique).

La plupart des modèles tentant de modéliser le déclenchement des avalanches de plaque sont basés sur la mécanique linéaire de la rupture. Ces modèles utilisent une approche équivalente à l'approche de Griffith (1920) (McClung 1981, Bader et Salm, 1990). C'est une approche énergétique basée sur la comparaison entre l'énergie élastique relaxée par l'avancée de la fissure et l'énergie consommée pour créer une nouvelle surface de fracture. Il faut que l'énergie élastique relaxée par l'avancée de la fissure soit supérieure à l'énergie consommée pour créer une nouvelle surface de fracture (cf. Partie 2.Chapitre 3)

Cette idée de couche fragile est relativement ancienne. Elle a été appelée : shear perturbation (Perla et LaChapelle, 1970), shear degradation (Brown et al., 1972), imperfections (Lang et Brown 1975), zonal weakening (Bradley et al. 1977), deficit zones (Conway et Abrahamson, 1984), shear bands (Mc Clung, 1981), zones of localized weakness (Birkeland, 1995), superweak zones (Bader et Salm, 1990)

Tous ces auteurs supposent que ces imperfections (et en particulier leurs tailles) vont jouer un rôle majeur dans le déclenchement des avalanches. Cette taille critique, au-delà de laquelle la fissure basale devient instable, est supposée environ égale, d'après Gubler (1992), à de 5 à 10 fois l'épaisseur de la plaque.

Nous allons ici tenter de faire une étude comparative des différentes méthodes déterministes utilisées pour modéliser le déclenchement des avalanches.

Nous avons vu que les propriétés mécaniques de la neige dépendent énormément du taux de chargement. Pour de faibles taux de chargement, la neige a un comportement visqueux non-linéaire. Par contre, pour de fort taux de chargement, les effets dus à l'élasticité dominent et la rupture devient fragile.

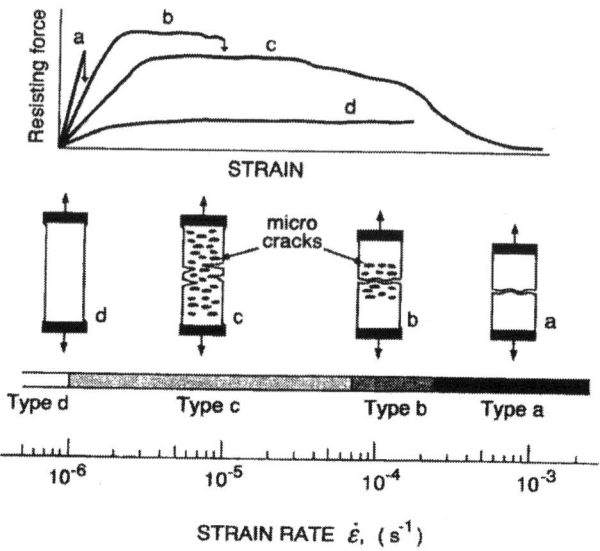

Figure 2.4 : Courbes de comportement de la neige en fonction de différentes sollicitations. (Kirchner)

Comme tous les matériaux viscoélastiques, les propriétés mécaniques de la neige vont dépendre de l'histoire des déformations qu'elle a déjà subit (Brown 1973).

Cet effet de frittage, d'abord considéré comme un processus lent, peut être, d'après Gubler (1982), très rapide, de l'ordre de quelques secondes.

Dans d'autres matériaux comme le béton, les pores sont considérés comme des zones de fragilité où les contraintes se concentrent. Comme la neige est un matériau extrêmement poreux, ces concentrations de contraintes ainsi que l'endommagement sont susceptibles d'être importants.

La mécanique de la rupture appliquée à d'autres matériaux tel que le béton suggère fortement l'idée que les zones fragiles localisées dans le manteau résultent en fait de l'accumulation d'une multitude de microfissures qui coalescent. Ces hétérogénéités dans les propriétés mécaniques ne sont cependant pas que des zones de fragilité. Elles peuvent aussi correspondre à des zones où, au contraire, les propriétés mécaniques sont meilleures et donc à des zones de stabilisation du manteau.

Un modèle statistique tel que celui de Hermann et Roux pourrait expliquer non seulement l'initiation de fissure dans les zones fragiles mais aussi leur arrêt dans des zones plus résistantes.

Sommerfield (1973) fut le premier à utiliser un modèle statistique pour décrire les propriétés mécaniques de la neige. Les forces transmises entre chaque grain peuvent être arrangées soit en série, soit en parallèle. Ces deux approches peuvent être décrites par le modèle de Weibull (pour série) et par le modèle de Daniels (parallèle). Pour des taux de cisaillement fort menant à une rupture fragile, le modèle de Weibull semble bien adapté, tandis que, pour les ruptures ductiles, le modèle de Daniels sera mieux approprié.

Les approches statistiques semblent en général très bien adaptées à l'étude de la neige (qui est un matériau désordonné). Cependant, de telles approches n'ont pratiquement pas fait l'objet d'études pendant ces 20 dernières années.

2.5.1   Les modèles de déclenchement naturel de plaque

2.5.1.1   Basé sur une approche à l'échelle microscopique : modèle de liaisons rompues (Louchet, 2001a)

D'un point de vue microscopique, les mécanismes de déformation et de rupture dans la neige résultent de la compétition entre deux effets antagonistes : la rupture des ponts de glace entre les grains et le frittage des grains (la formation de pont de glace). Intuitivement, le frittage doit jouer un rôle important, or, ce phénomène n'est pas pris en compte dans la plupart des modèles mécaniques censés représenter les déformations dans la neige. Toutefois, un modèle analytique simple tenant compte de ces deux phénomènes a été développé par Louchet (2001) dans le but de comprendre le déclenchement naturel d'avalanche, donc le déplacement d'une couche de neige dure surmontant une couche fragile. Ce modèle simple montre que le lent déplacement vers l'aval de la couche dure peut être décrit par le fluage quasi-statique de la couche fragile. Deux paramètres sont utilisés pour décrire le fluage (du au cisaillement) s'exerçant sur cette couche fragile : un coefficient lié à la rupture de liaisons (pont de glace) entre couche dure et fragile (qui dépend de la fragilité de la glace) et le taux de recollage de ces liaisons (qui dépend de la durée pendant laquelle deux demi-liaisons cassées sont en contact). Deux régimes de fluage sont ainsi trouvés : un fluage stable, où le manteau se déplace de façon continue vers l'aval (reptation), et un régime instable, où le manteau neigeux ne peut plus accommoder les efforts et donc se rompt de manière catastrophique (fragile). Ce dernier cas correspond au déclenchement naturel d'une avalanche. La transition entre ces deux régimes s'apparente donc à une transition ductile/fragile.

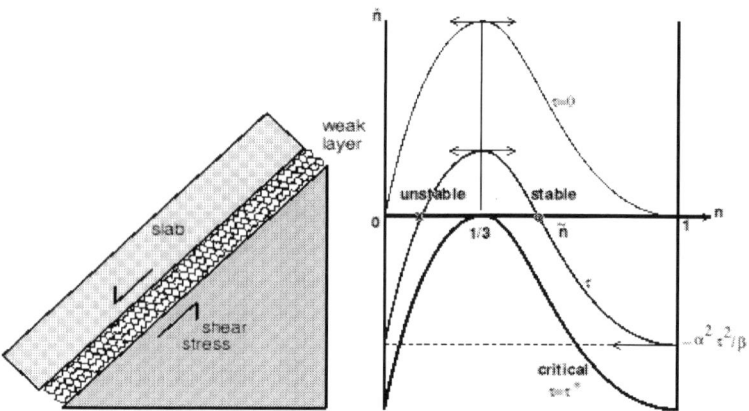

Figure 2.5 :Illustration du modèle de Louchet (2000) (à gauche) et résultats (à droite). n est le nombre de liaisons « vivantes », et $\dot{n}$ est sa dérivée par rapport au temps : $n = \dfrac{dn}{dt}$.

Trois situations mènent le système à un point critique au-delà duquel un déclenchement naturel d'avalanche se produit :

Le poids du manteau neigeux augmente (il pleut ou il neige)

Le taux de recollage entre les grains dans la couche fragile décroît (chute de la température extérieure)

Les ponts de glace se fragilisent (par exemple du fait de la métamorphose de la neige).

Ces conditions critiques sont atteintes pour des vitesses de cisaillement finies, donc pour une vitesse finie de déplacement de la couche dure par rapport à la couche fragile, cette vitesse critique augmentant avec la température. Ceci paraît logique puisque la température rend la neige moins fragile, plus ductile.

2.5.1.2 *Basé sur une approche à l'échelle macroscopique*

Nous allons ici brièvement passer en revue les différents modèles incluant une taille critique de fissure (menant à une propagation instable) développés pour décrire le déclenchement naturel d'avalanche de plaque. Le principal but de ces modèles est d'expliquer le déclenchement naturel différé : les avalanches naturelles de plaque ne se déclenchent pas immédiatement après le chargement de la pente.

Perla et LaChapelle (1970) ont déterminé l'ordre de grandeur de la taille critique de l'imperfection. Pour cela, ils utilisèrent les équations d'équilibre pour le cisaillement dans la zone fragile. Perla conclue que la diminution de la résistance au cisaillement de la zone fragile entraîne une rupture en traction dans la plaque dure qui est suivie de la rupture basale(ou concomitante).

Partie 1. Déclenchement d'avalanches de plaques

Jamieson et Johnson (1992) ont relié la taille de la plaque à ses propriétés mécaniques par le biais d'une analyse statique. Ils considèrent qu'il existe une fissure basale de taille L et que la plaque reprend dans son épaisseur les efforts induits par l'apparition de la fissure. Cette analyse mécanique donne une longueur critique qui est évidemment :

$$L = \frac{\sigma_t}{\rho g \sin(\phi)}$$

Équation 2.1

Où L est la taille critique, σ_t est la résistance à la traction de la plaque, ρ la densité, ϕ est l'angle de la pente.

Leurs résultats montrent donc que plus la résistance à la traction de la plaque est grande, plus la taille critique devra être grande. De même, plus la pente est importante, plus la taille critique est petite. Les valeurs typiques de la taille des imperfections sont de l'ordre de plusieurs mètres (de 1 à 8m) suivant la résistance à la traction de la plaque.

McClung, quant à lui, a appliqué le modèle initialement développé par Palmer et Rice (PR) (1973) pour étudier les bandes de cisaillement dans les argiles sur consolidées. Selon lui, les bandes de cisaillement s'initient aux niveaux des concentrations de contraintes dans la couche fragile. Une fois que la rupture s'est produite, la bande garde une contrainte de cisaillement résiduelle. Les deux résultats importants de ces approches sont que :

Le modèle explique pourquoi une plaque peut se déclencher alors que les contraintes appliquées sont inférieures aux contraintes maximales admissibles dans la couche fragile.

Le modèle prédit une propagation différée des bandes de cisaillement, ce qui pourrait expliquer le fait que les avalanches ne se déclenchent pas immédiatement après une chute de neige (donc après le chargement du manteau neigeux).

Cette approche est basée sur celle employée par Griffith mais en la compliquant. Griffith considère un matériau élastique fragile et McClung suppose qu'une contrainte de cisaillement résiduel persiste après la rupture (cf. Figure 2.6) (adoucissement : strain softening). Une autre différence importante entre ces deux approches réside dans le fait que, pour le modèle de Palmer et Rice (1973), les contraintes en tête de fissure ne passent pas par une singularité.

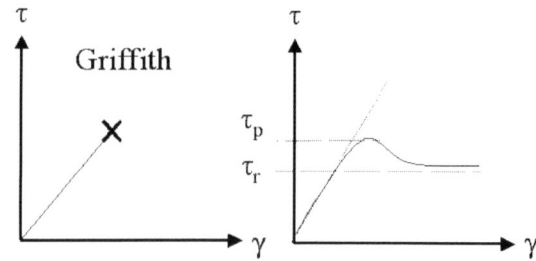

Figure 2.6 : Hypothèses sur le comportement du matériau utilisées pour le traitement de la rupture dans l'approche de Griffith (à gauche) et de McClung (à droite)

Cette approche permet donc de définir une longueur critique de fissure basale au-delà de laquelle cette fissure se propage brutalement. Le critère de propagation est donné par :

$$\frac{H(1-\nu)}{4G}\left((\tau_g-\tau_r)\frac{L}{H}\right)^2=(\tau_p-\tau_r)\delta \qquad \text{Équation 2.2}$$

Où δ est le déplacement dans la bande de cisaillement, τ_p la contrainte de cisaillement au pic, τ_r la contrainte de cisaillement résiduelle, τ_g la contrainte de cisaillement appliquée, G le module de cisaillement.

Le terme de gauche correspond à l'énergie nécessaire à fournir pour propager la bande de cisaillement, le terme de droite correspond aux forces résistant à l'avancée.

Il vient finalement :

$$L=\frac{H}{\tau_g-\tau_r}\sqrt{\frac{4G}{H(1-\nu)}(\tau_p-\tau_r)\delta} \qquad \text{Équation 2.3}$$

Ce qui donne des résultats extrêmement variables de l'ordre de 50m. Dans le cas limite où $\tau_p=\tau_g$, i.e. la contrainte de cisaillement appliquée au niveau de la couche fragile est égale à la contrainte de cisaillement au pic, on ne retrouve pas une longueur critique égale à 0.

Les résultats sont cohérents vis a vis du taux de chargement (G/τ_p change en fonction de la vitesse de chargement (500 si rapide, 100 si lent) : Lorsque le chargement est rapide, les tailles critiques sont petites (comme pour le béton). Ceci pourrait donc expliquer le déclenchement d'une avalanche de plaque lors du passage d'un skieur. Par contre, dans le cas d'une avalanche naturelle, la taille critique serait de l'ordre de plusieurs dizaines de centimètres. Le modèle de McClung a introduit beaucoup de paramètres pour décrire la rupture. Finalement, son modèle est trop compliqué et comporte des incohérences avec les faits réels.

Bader et Salm (1990) utilisent, eux, un modèle basé sur la méthode des éléments finis utilisant sur la mécanique des milieux continus. Ils ont ajouté aux interfaces entre les couches des zones « super fragile » (superweak zones) où les contraintes de cisaillement dues à l'action de la couche supérieure ne peuvent pas se transmettre (ou très mal). De telles zones leur permettent de créer des concentrations de contraintes, analogue à la théorie de Griffith. Leur modèle étudiant la rupture en cisaillement est basé sur les expressions des contraintes et du taux de chargement sur les bords de la couche super-fragile.

Ils obtiennent une expression de longueur critique :

$$L_{cr} = \frac{H}{\alpha}\left(\frac{\eta_b}{\tau}\dot{\varepsilon}_{cr} - 1\right)$$
Équation 2.4

Où H est l'épaisseur de la plaque, η la viscosité de la plaque, τ la contrainte de cisaillement appliquée au niveau de la couche fragile, ε_{cr} le taux de chargement critique, α un coefficient dépendant des propriétés mécaniques et de l'épaisseur de la plaque dure et de la couche fragile.

Leurs résultats indiquent une influence de l'épaisseur de la couche sur la longueur critique. En effet, d'après leurs calculs, plus la couche fragile est mince, plus la longueur critique est petite. Ceci est contredit par les études de terrain menées par Jamieson (1995).

2.5.2 Modèle de déclenchement accidentel de plaque de Louchet (2000)

Un modèle analytique de rupture d'une pente à l'aide de la rupture de Griffith est proposé par Louchet (2000) : Comme Bader et Salm, McClung, il mène à la définition d'une taille critique de l'imperfection au-delà de laquelle la fissure se propage. Ce modèle simple a été développé dans le but de comprendre les déclenchements artificiels de plaque.

On considère un manteau neigeux uniforme de pente α reposant sur une sous-couche ancienne. L'interface est en général constituée de grains fragiles (givre de surface, ou gobelet par exemple) constituant la couche critique susceptible de rompre en cisaillement. Louchet suppose que des hétérogénéités sont uniquement présentes dans le plan basal. Il utilise donc, pour caractériser la rupture un critère de contrainte en traction et un critère de ténacité en cisaillement.

La contrainte de cisaillement peut se relaxer localement par création d'une fissure basale sous l'effet d'une action extérieure, comme le passage d'un skieur. Cela entraîne un transfert de charge sur les limites, se réduisant à une contrainte de traction au sommet de la zone fissurée. Lorsque la résistance limite en traction de cette plaque est atteinte, il y a rupture du manteau par propagation d'une fissure en mode I.

Louchet trouve deux scénarios de propagation de la rupture en cisaillement.

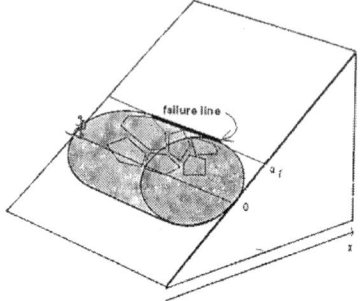

Figure 2.7 : scénario où le critère de rupture en traction est atteint avant le critère de rupture en cisaillement

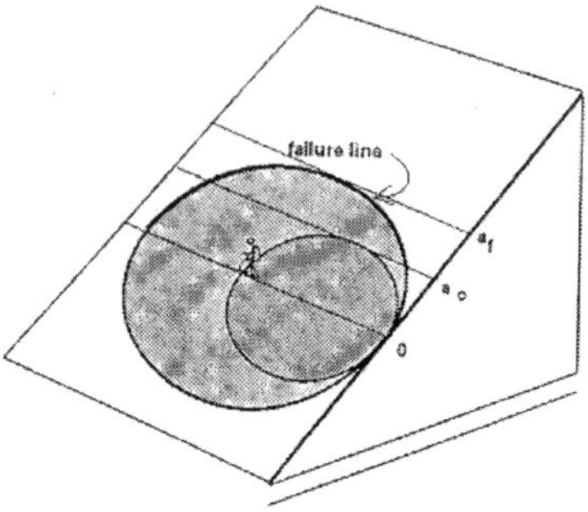

Figure 2.8 : scénario où le critère de rupture en cisaillement est atteint avant le critère de rupture en traction.

Scénario A :

Au passage du skieur, la fissure basale s'étend, et la contrainte de traction va atteindre la résistance limite, une fissure sommitale s'ouvre alors « en traction ».

Si a_T est la taille de la fissure basale entraînant l'atteinte dans la zone sommitale du critère en contrainte de traction (c'est à dire que la contrainte de traction sommitale atteint la limite de résistance de la neige de la plaque en place) on montre que:

$$a_T = \frac{\sigma_f}{\rho g \sin \alpha}$$, qui est la même relation que l'Équation 2.1

Scénario B :

Il correspond au critère de Griffith atteint pour la fissure basale, avant même que le critère en traction ne soit atteint. Dans ce cas, la fissure d'interface croit extrêmement vite (vitesse du son), jusqu'à atteindre la taille a_T précédente. Si as est la taille de fissure basale critique, Louchet montre que

$$a_s = \frac{1}{\pi} \left(\frac{K_{IIC}}{\rho g h \sin 2\alpha} \right)^2$$ Équation 2.5

Dans le cas A, la propagation est quasi statique et correspond à $a_T < a_S$. Dans le scénario B la propagation est instable à partir de a_S, car $a_S < a_T$ Le passage de l'un à l'autre scénario dépend de la pente et de la charge, des propriétés physiques et mécaniques de la plaque. Le scénario B est très probable pour des pentes autour de 35°. La ténacité en

Partie 1. Déclenchement d'avalanches de plaques

mode II est estimée à partir de l'hypothèse que la neige est un matériau cellulaire (c'est à dire que la neige est considérée comme une mousse de glace à cellule ouverte), et vaut, pour une densité de 300kg/m^3 : 10^{-2} Pa.m $^{1/2}$

Ce modèle explique donc le déclenchement des avalanches de plaque. Il est basé sur la connaissance de deux paramètres : la contrainte de rupture en traction de la neige composant la plaque et la ténacité en cisaillement de la neige composant la couche fragile.

2.6. Synthèse

Tous les modèles présentés ici ont été développés pour expliquer comment les avalanches se déclenchent dans le cas où la contrainte de cisaillement dans le manteau n'atteint pas la contrainte de cisaillement maximale admissible. Tous ces modèles utilisent la mécanique des milieux continus et postulent l'existence de couches fragiles au sein d'une couche homogène. Ils donnent tous une taille critique de fissure basale, basée sur la connaissance de la ténacité de la neige, au-delà de laquelle la rupture se propage de manière instable (rupture fragile). Malheureusement, les variations de ces longueurs couvrent deux ordres de grandeur (de 0.1 à 10 m).

Tous ces modèles incluent la plaque et la couche fragile, ce qui semble être la bonne méthode pour aborder ce problème.

Les expériences de terrain n'ont pas fourni de preuves formelles de l'existence de couches super-fragiles dans le manteau neigeux. Pratiquement aucun de ces modèles n'explique pourquoi et comment cette couche fragile peut apparaître. Du fait de l'existence et de la rapidité du frittage possible entre les grains, ces zones fragiles sont probablement des phénomènes hautement transitoires (qui doivent évoluer très rapidement).

Bien que beaucoup d'explications plausibles aient été données, on ne comprend toujours pas bien les mécanismes physiques menant à l'apparition de fissures basales et à leurs propagations (déclenchement d'avalanches de plaques). Pour cela, il serait nécessaire de trouver un lien entre l'échelle microscopique (rupture de la neige) et l'échelle macroscopique (déclenchement de la plaque).

Schweizer (1998) indique que les approches statistiques tenant compte du désordre à différentes échelles semblent être une voie d'étude prometteuse à suivre.

Chapitre 2. Les avalanches

Partie 2. Etude de la rupture dans le manteau neigeux d'un point de vue déterministe

Dans cette partie, nous allons exposer les travaux que nous avons menés d'un point de vue déterministe sur la propagation de la rupture. Après avoir brièvement décrit les principaux résultats de mécanique de la rupture, nous verrons comment nous les avons appliqués à ce matériau si particulier qu'est la neige.

Ouf !

La mécanique de la rupture a pour but de définir des paramètres intrinsèques permettant de caractériser le phénomène de rupture.

Chapitre 3 La mécanique de la rupture

3.1. Qu'est ce qu'une rupture ?

3.1.1 Définition

Il est frappant de constater que, bien que la rupture dans un matériau soit la principale motivation de bon nombre de chercheurs, on ne puisse trouver une définition unique de ce phénomène. Tous les domaines scientifiques emploient ce terme, alors que leur définition de ce qu'est une rupture varie d'un domaine à l'autre. Ainsi, mécaniciens, physiciens, géotectoniciens emploient le même vocabulaire alors que les définitions changent. Le plus étonnant est que même à l'intérieur de ces disciplines, la question n'est pas tranchée.

On se rend compte que la définition de la rupture varie essentiellement en fonction du matériau d'étude et de l'application que l'on souhaite faire.

Voyons donc ces différentes définitions :

Du point de vue de la mécanique, les différentes définitions de la rupture sont :

- Création de discontinuité dans la matière,

- Perte d'homogénéité dans la matière,

- Entrée en plasticité parfaite avec indice des vides critiques,

- Résistance maximale du matériau,

- Atteinte du pic de contrainte lors d'un essai tri axial, suivi d'un adoucissement des propriétés mécaniques,

- Apparition d'un aspect dynamique lors d'un chargement quasi-statique,

- Perte d'unicité dans les solutions analytiques (ou plus de solution),

- Passage de un à plusieurs morceaux.

On constate que la définition de la rupture est liée à une échelle. Pour l'apparition de petites fissures par rapport à la taille de l'échantillon, on parle d'endommagement (pouvant mener à la ruine de l'échantillon). Si, par contre, il y a création d'une surface libre qui traverse le matériau, on parlera de rupture. Ce pourrait être vu comme la percolation de petites fissures qui, au final, traversent l'échantillon. Mais on ne peut parler de percolation que dans un milieu infini... Tout le problème de la définition de la rupture est qu'elle est ***dépendante d'une échelle***. C'est une transition de phase entre un état cassé et un état non cassé.

Le nombre de définitions possibles est très vaste. Il faut donc en choisir une. Nous avons décidé de différencier endommagement et rupture :

Nous appellerons endommagement la phase ou apparaissent des microfissures (par exemple dans la couche basale). Ces microfissures peuvent coalescer pour mener à la rupture puis au déclenchement de la plaque.

A la vue du phénomène de déclenchement, nous appellerons rupture, l'état faisant passer le manteau neigeux d'un morceau à plusieurs morceaux (après le déclenchement, le manteau neigeux appartenant à la plaque s'est détaché du reste de la pente).

3.1.2   Les différents types de rupture (du point de vue macroscopique)

La rupture peut prendre deux formes différentes : la rupture fragile et la rupture ductile.

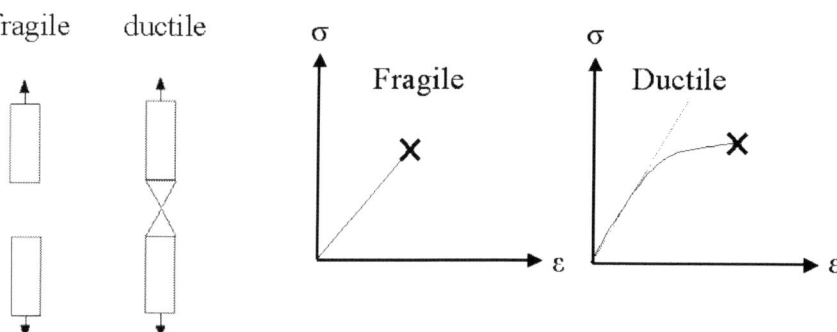

Figure 3.1 : Les deux types de rupture (qualitatif)

Figure 3.2 : Les deux types de rupture représentées schématiquement sur des courbes contraintes/déformations.

3.1.2.1   Ductile

Ce dit d'un matériau qui peut être étiré sans se rompre. S'oppose à fragile.

Dans le cas de matériau ductile, une déformation plastique permanente suit la déformation élastique. De nombreux matériaux présentent ce type de comportement : la majorité des métaux et des alliages, et certains polymères thermoplastiques (polymère possédant un état liquide).

Partie 2. Etude déterministe de la rupture dans le manteau neigeux

Il est possible de définir des conditions de sollicitation permettant d'obtenir l'aspect extérieur de la rupture ductile : le matériau se rompt très lentement, progressivement réalisant une rupture dite « contrôlée ».

3.1.2.2   Fragile

Se dit d'un matériau qui se casse facilement (cas du verre). S'oppose à ductile.

Le matériau fragile ne présentant pas de domaine plastique, la rupture se produit alors que les déformations sont élastiques. Le verre, la fonte grise, les aciers bruts de trempe, les céramiques, le béton et la plupart des polymères thermodurcissables (polymères sans état liquide, réticulés) sont des matériaux qui ont un comportement fragile.

Une telle sorte de rupture se caractérise par le fait que, si l'on maintient fixe la sollicitation, le processus de rupture ne continue pas. Par contre, ce processus peut recommencer si on augmente à nouveau l'intensité de la sollicitation. Inversement, la rupture non contrôlée correspond au cas de la propagation spontanée, est impossible à maîtriser.

Bref, il faut retenir que la rupture en tant que telle a un caractère extrinsèque. Ses manifestations ne peuvent être interprétées par simple référence aux seules propriétés mécaniques usuelles des matériaux constitutifs de la structure : Elles dépendent des conditions opératoires et, en particulier, de la géométrie des éprouvettes.

Il est intéressant dans un premier temps de décrire très succinctement les étapes de construction de la mécanique de la rupture d'un point de vue historique.

3.2. La notion de concentration de contrainte autour d'une fissure

Pour comprendre cette notion fondamentale, voyons l'exemple suivant :

On considère un matériau soumis à une contrainte de traction (avant et après l'introduction d'une fissure). Ces deux configurations ne sont pas équivalentes ce qui, à première vue, ne paraît pas évident. La cause provient des concentrations de contraintes au voisinage de la fissure.

Ceci peut s'expliquer clairement à l'aide de la figure suivante :

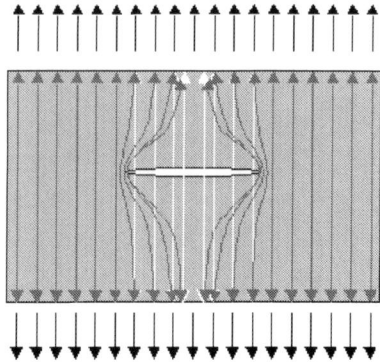

Figure 3.3 : influence d'une fissure sur le champ de contrainte dans un matériau (lignes blanche : champ de contrainte sans fissure ; ligne rouge : champ de contrainte avec une fissure).

On se rend compte ici qu'une fissure au sein d'un matériau va modifier le champ de contraintes à son voisinage. On voit sur cet exemple que les lignes de forces vont « faire le tour » de la fissure, menant à une concentration près des bords de celle ci.

Cette concentration de contrainte se quantifie à l'aide du facteur de concentration de contraintes défini par :

$$K = \frac{\sigma_A}{\sigma}$$

Équation 3.1

Où σ_A est la contrainte au niveau de la tête de fissure et σ est la contrainte loin de la fissure.

K est un *paramètre sans dimension* qui caractérise l'amplification de la contrainte près d'un fond de fissure.

Nous n'allons pas utiliser ce paramètre car il n'est pas intrinsèque à la rupture. Il est défini comme l'amplification de la contrainte en pointe de fissure. Or, si la fissure est infiniment pointue (acérée), la contrainte au bord de la fissure est infinie. Le paramètre K ne peut donc plus être défini…

3.3. L'approche énergétique de Griffith

Une notion fondamentale introduite par Griffith (1920) est la mise en évidence du fait que la rupture est un phénomène consommateur d'énergie. Il peut s'agir par exemple de plastification locale, confinée au voisinage de la tête de fissure, de frottement entre les grains, de mouvement de dislocations,…

On suppose que le comportement du matériau est élastique, que l'énergie élastique est relaxée dans une sphère dont le diamètre est égal à celui de la fissure, que l'échantillon est de taille infinie,... Cependant, l'approche de Griffith permet de comprendre, aux facteurs (décoratifs) près, d'où vient le critère de propagation instable de fissure. Ce petit raisonnement énergétique sera très important pour nous, car il nous permettra de trouver, de façon simple, les relations liant la propagation de la rupture et les propriétés du matériau.

3.3.1 Approche énergétique dans le cas général 3D

Nous allons maintenant expliquer le raisonnement physique de la démarche pour un problème en 3D. Ce raisonnement nous sera utile dans la partie 4.2 d'analyse de nos résultats expérimentaux.

Supposons donc un matériau homogène, contenant une fissure circulaire de diamètre 2a, **chargé en traction** *(cf. Figure 3.4)*.

Il nous faut comparer l'énergie élastique relaxée lors d'une avancée infinitésimale de la fissure à l'énergie de surface nécessaire pour créer cette fissure.

Energie élastique :

L'énergie élastique peut s'écrire :

$$W = \int_{\varepsilon_{ij}} \sigma_{ij} d\varepsilon_{ij} \quad , \quad \text{soit :} \quad dU_e = \frac{\sigma^2}{2E} dV$$

où dV est le volume contenu entre les 2 sphères de rayon a et a+da

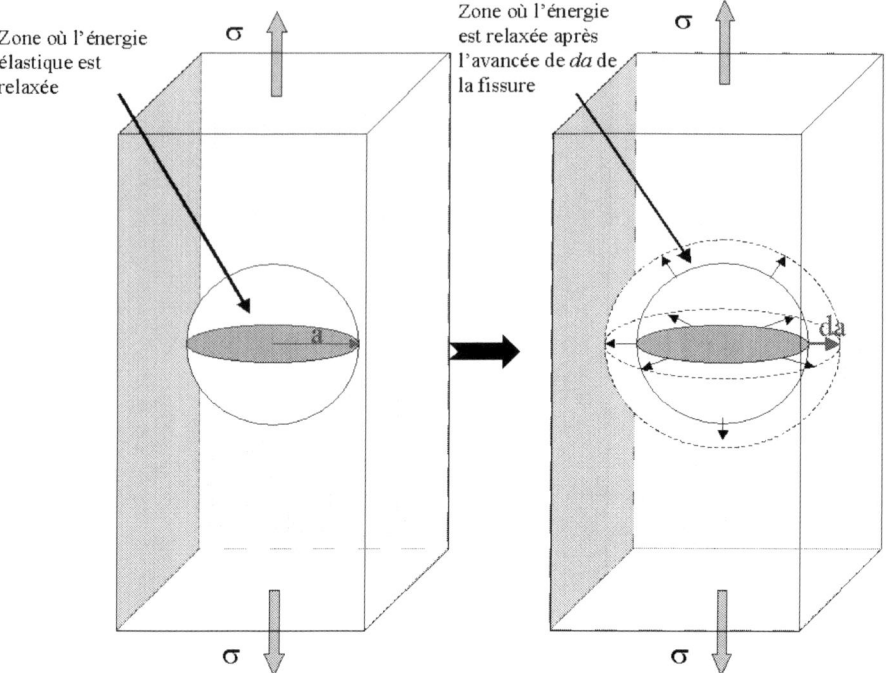

Figure 3.4 : Illustration de l'approche de Griffith pour une fissure circulaire en 3D.

Donc l'énergie élastique contenue dans le volume contenu entre les sphères de rayon a et a+da est :

$$dU_e = \frac{\sigma^2}{2E} \cdot 4\pi a^2 da$$

Équation 3.2

Calculons l'énergie de surface consommée par l'avancée de la fissure :

$$dU_s = 2\gamma_s (2\pi a.da)$$

Équation 3.3

Pour que la fissure devienne instable, il faut que l'énergie élastique relaxée lors de l'avancée de la fissure soit supérieure ou égale à l'énergie consommée par la création de la nouvelle surface, soit :

$$\frac{dU_e}{da} = \frac{dU_s}{da}$$

Soit :

$$\frac{2\sigma^2}{E}\pi a^2 = 4\gamma_s \pi a$$

Il vient donc :

$$\sigma\sqrt{a} \approx \sqrt{2E\gamma_s}$$

Équation 3.4

Ce raisonnement est essentiellement dimensionnel. Les pré facteurs ne sont donc pas exacts. Par contre, on retrouve bien le fait que $\sigma\sqrt{a}$ est un paramètre que ne dépend que des propriétés intrinsèques du matériau (Module d'Young et énergie de surface)

3.3.2   Les modifications apportées par Irwin à la théorie de Griffith

La théorie de Griffith ne prend pas en compte le phénomène de plasticité, puisqu'elle suppose un comportement élastique du matériau.

Irwin eut donc l'idée de modifier la théorie initiale de Griffith en ajoutant un terme qui tient compte des déformations plastiques pouvant apparaître au voisinage immédiat de la tête de fissure. Ces déformations plastiques extrêmement localisées vont avoir tendance à résister à la propagation de la fissure. Il modifia donc le terme R en affirmant que la résistance d'un matériau à la propagation de la fissure est la somme de l'énergie de surface γs et du travail fourni par les déplacements plastiques γp[30].

On aura donc :

$$R = 2\left(\gamma_s + \gamma_p\right)$$

Malgré les modifications incluant un terme d'énergie plastique apportée par Irwin, l'approche énergétique est limitée au cas de l'étude d'une fissure *infiniment pointue*. Elle va donc être valable pour des fissures de fatigue et des fissures dues à la corrosion. Voyons maintenant une autre méthode, plus rigoureuse basée sur la mécanique.

3.4. Mécanique élastique linéaire de la rupture :

Plusieurs mécanismes différents peuvent mener à l'ouverture d'une fissure. Il convient donc, dans un premier temps de définir ces différents types de mécanismes.

3.4.1   Les différents modes de rupture

Trois modes de sollicitations différents peuvent mener à la propagation d'une fissure dans un matériau :

La fissure peut être sollicitée en traction, en cisaillement ou en cisaillement anti-plan.

Ces trois modes sont représentés dans la figure ci dessous :

---

[30] Pour des matériaux ductiles, on a $\gamma_p \gg \gamma_s$. On pourra donc négliger l'énergie de surface γ_s.

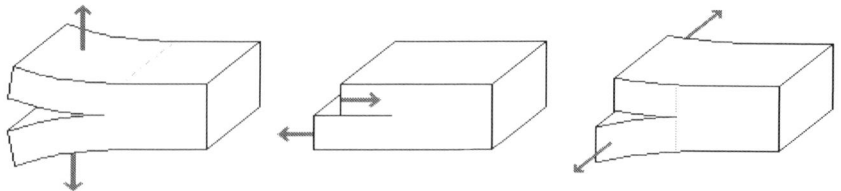

Mode I : traction   Mode II: cisaillement   mode III : cisaillement anti-plan

Figure 3.5 : Les différents modes de sollicitations d'une fissure.

Si la fissure est sollicitée perpendiculairement à son plan : c'est le mode I, de loin le plus classique.

Si la fissure est sollicitée dans son plan et perpendiculairement à son arête : c'est le mode II.

Si on sort du plan, il existe un troisième mode où la fissure est sollicitée dans son plan parallèlement à l'arête : c'est le mode III.

Les indices I, II, III réfèrent aux différents modes de sollicitation de fond de fissure.

Il est bien sûr possible que la sollicitation en tête de fissure soit une combinaison de ces trois modes. Dans ce cas, on appelle ce type de sollicitation en mode mixte.

_____

3.4.2   Facteur d'intensité de contrainte

Nous avons vu que l'existence de fissure dans un matériau provoque des concentrations de contraintes au voisinage de la fissure.

Considérons un corps formé à partir d'un matériau élastique linéaire homogène qui possède une fissure plane coupant un plan perpendiculaire au front, supposé rectiligne, selon une demi-droite. Westergaard (1939) a, le premier, montré que le champ de contrainte présente une singularité au pied 0 de la demi-droite : lorsque l'on se rapproche de ce point, la contrainte tend cers l'infini. On dit qu'il y a une *singularité* du champ de contrainte.

Partie 2. Etude déterministe de la rupture dans le manteau neigeux

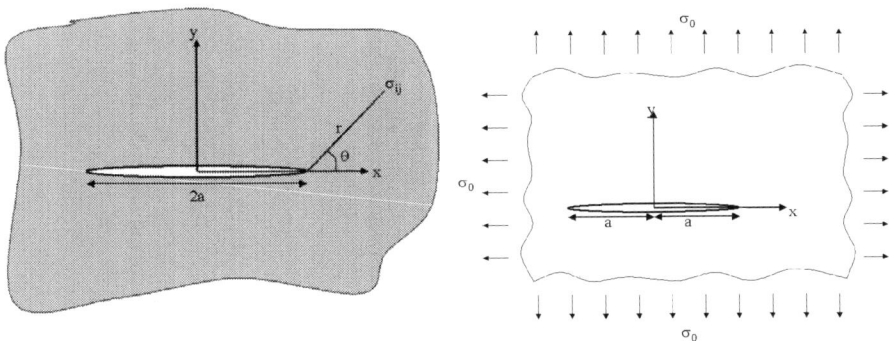

Figure 3.6 : Notations utilisées par Westergaard (1939) pour calculer le champ de contrainte autour d'une fissure.

Les travaux d'Irwin (1957) montrèrent que les contraintes au voisinage de la tête de fissure prenaient la forme, dans le cas d'un matériau élastique :

$$\sigma_{ij}(r,\theta,a) = \frac{K(a)}{\sqrt{2\pi r}} f_{ij}(\theta) + o\left(\frac{1}{\sqrt{r}}\right)... \qquad \text{Équation 3.5}$$

La singularité est donc en $r^{-1/2}$. Pour un corps de géométrie et de conditions aux limites données, K est seulement fonction de la longueur de fissure. La fonction f est une fonction de θ seul (pour son expression, voir *annexe Westergaard*).

Irwin montra notamment que *tous* les champs de contrainte au voisinage d'une fissure ont une distribution géométrique équivalente et que le terme $\sigma_{ij}\sqrt{\pi a}$ contrôle « l'amplification » de la contrainte locale près de la fissure.

Le facteur d'intensité de contrainte, pour une fissure infiniment pointue s'exprimera d'une manière générale de la façon suivante :

$$K = \sigma\sqrt{\pi a}.f(a/w) \qquad \text{Équation 3.6}$$

où f(a/W) est un paramètre sans dimension qui dépend de la géométrie de l'échantillon et de la fissure, W est la largeur de la plaque (dans la direction de la fissure) et σ est le chargement (en traction) appliquée à l'infini.

Dans le cas d'une fissure dans une plaque infinie, on a f(a/w)=1 et donc $K = \sigma\sqrt{\pi a}$.

Une approche énergétique équivalente est possible. On nomme G=dUe/da *le taux de restitution d'énergie* (energy release rate). Physiquement, cela représente l'énergie par unité de surface qui est disponible pour une propagation infinitésimale de la fissure.

Dans ce cas, on a aussi $G = \dfrac{\pi\sigma^2 a}{E}$

Ce qui, en combinant K et G, mène à : $$G = \frac{K^2}{E}$$

Irwin montra que cette formule est valable pour toutes les géométries.

La connaissance de K[31] (qui dépend de la géométrie de l'échantillon et du chargement) suffit à décrire les contraintes en fond de fissure.

Ainsi, deux problèmes avec des géométries et des fissures très différentes auront la même distribution de contrainte autour du fond de fissure si leur facteur d'intensité de contrainte K est le même[32].

La concentration de contrainte est fortement dépendante du rayon de courbure du fond de fissure. Plus le fond de fissure sera « acéré », plus la concentration de contrainte sera importante.

Cette approche suppose que la fissure a un rayon de courbure nul. C'est la raison pour laquelle apparaît une singularité dans le champ de contrainte.

3.4.3 Ténacité

Comme $K = \sigma\sqrt{\pi a}$ dans le cas d'une fissure dans une plaque infinie, d'après le bilan énergétique de Griffith, la fissure va se propager brutalement lorsque K va dépasser une valeur critique. Cette valeur Kc est égale à

$$K_c = \sqrt{2E\gamma_s},$$

ou, en ajoutant les modifications d'Irwin, $K_c = \sqrt{2E(\gamma_s + \gamma_p)}$.

Le critère de propagation instable de fissure, exprimé à l'aide du facteur d'intensité de contrainte, s'écrit donc :

$$\boxed{K = \sigma\sqrt{\pi a}\, f(\tfrac{a}{W}) > K_c}$$

Équation 3.7

On retrouve exactement le même résultat que le raisonnement physique du type Griffith (*cf. 3.3.1*), le pré facteur étant f(a/W)

---

[31] Il ne faut pas confondre le facteur de concentration de contrainte K_T (sans unité) et le facteur d'intensité de contraintes K (exprimé en Pa.m1/2). K_T ne donne qu'une information locale à la pointe de la fissure alors que K décrit l'ensemble de la singularité spatiale du champ de contrainte.

[32] Pour d'autres configurations géométriques, l'expression du facteur correctif f(a/W) n'est pas immédiate. Certains auteurs en donnent des expressions pour différents cas simples : Ce ne sont que des solutions numériques ou empiriques. Voir Engineering fracture mechanics.

Ce critère de propagation de fissure peut aussi s'écrire à l'aide du taux de restitution d'énergie. Auquel cas, une propagation instable de fissure aura lieu lorsque le taux de restitution d'énergie atteindra une valeur critique :

$$G_c = \frac{K_c^{\,2}}{E}$$

La ténacité K_c est la valeur critique du facteur d'intensité de contraintes K à partir de laquelle une fissure commence à se propager de manière instable.

Nous avons vu que la ténacité Kc ne dépend que des caractéristiques du matériau (E, le module d'Young et γs, l'énergie de surface).

La ténacité est donc un paramètre intrinsèque au matériau qui caractérise sa rupture.

Comme on peut avoir trois types différents de sollicitation, il faut définir trois ténacités différentes :

• La ténacité en mode I (traction), nommée K_{Ic}

• La ténacité en mode II (cisaillement), nommée K_{IIc}

• La ténacité en mode III (cisaillement anti-plan), nommée K_{IIIc}

• La ténacité s'exprime en $Pa.m^{1/2}$, une unité peut commune.

La raison « physique » vient du fait qu'on compare une énergie de volume (énergie élastique) à une énergie de surface (création de surface). Les outils mathématiques doivent donc tenir compte de ce **« transfert » d'énergie volumique en surfacique** par l'intermédiaire de m1/2.

Nous avons vu que la mécanique de la rupture utilise beaucoup d'hypothèses, dont certaines sont assez contraignantes (milieux continus, fissure infiniment lisse,...). Nous allons maintenant voir comment s'affranchir de l'hypothèse que la fissure est infiniment lisse.

3.5. Modification de la mécanique de la rupture pour une fissure de forme fractale

Ce paragraphe est basé sur l'article de Cherepanov G. et al. (1995).

La propriété fondamentale des fractales est qu'elles sont invariantes d'échelle (ou auto-similaires). Les fractales existent dans la nature : polymères, particules dendritiques, fissures dans les solides, agrégats,... Ce sont des fractales dites statistiques qui diffèrent des fractales régulières (tels que la poussière de Kantor, les flocons de Koch, etc....) car elles sont invariantes d'échelle dans un domaine limité par deux échelles de longueur : $L_0 < L < L_m$

La théorie de Griffith est valable dans le cas d'une fissure géométriquement lisse. Or, les fissures dans les géomatériaux ne satisfont en général pas à cette hypothèse. De telles fissures sont en fait très irrégulières. Des aspérités existent et sont caractérisées par une rugosité de la surface. Aussi étonnant que cela puisse paraître, il a été prouvé que ces irrégularités se créent de telle sorte que leurs structures géométriques sont auto-similaires dans une certaine gamme d'échelle (entre une borne inférieure Lo et une borne supérieures L_m).

Le fait que la surface de rupture soit fractale doit donc modifier les résultats donnés par Griffith (où la fissure est infiniment lisse).

Dans un premier temps, regardons **un problème plan** (en 2D).

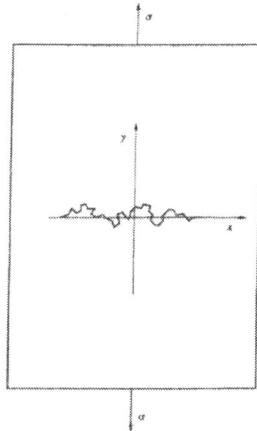

Figure 3.7 : Définition et notation du problème pour une fissure de forme fractale.

Prenons donc une plaque de dimension infinie, d'épaisseur constante (faible) dans laquelle est présente une fissure. Une contrainte σ est appliquée à l'infini.

Nous ne regarderons ici que des ruptures en mode I (traction).

Dans le cas d'une fissure infiniment lisse la dimension fractale de la fissure sera de 1. Il a été démontré par Griffith que les contraintes se concentraient au niveau du fond de fissure. Dans ce cas, pour que la fissure se propage, il faut que l'énergie élastique relaxée par l'avancée de la fissure de da compense l'énergie nécessaire pour créer une nouvelle surface (correspondant à une avancée de la fissure de da).

Pour une fissure ayant une structure fractale, les processus de dissipation énergétique sont plus complexes. Ils sont déterminés par les singularités du champ élastiques proche du font de fissure. On peut donc supposer qu'une cascade de processus de transfert d'énergie élastique allant des grandes échelles vers les petites se produit. C'est au niveau des petites échelles L_0 que l'énergie élastique se dissipe finalement. De la même façon que dans la théorie de Griffith, cette énergie élastique dissipée sert à ouvrir une nouvelle surface.

Reprenons le raisonnement de Griffith, dans le cas 2D :

Pour qu'une fissure de forme fractale se propage, il faut que l'énergie élastique dU_e relaxée par l'avancée de la fissure de da compense l'énergie nécessaire pour créer une surface de da.

$$dU_e = dU_s$$ Équation 3.8

Pour une fissure de surface fractale, l'énergie de surface va être dissipée le long de la fissure de dimension fractale DH. On aura :

$$dU_s = \frac{d}{da} 2\gamma_s(a^{D_H})$$

Finalement, comme l'énergie élastique est relaxée dans une zone homogène, il vient :

$$dU_e \approx \frac{\sigma^2}{2E} a\,da \quad \text{et} \quad dU_s \approx 2\gamma_s D_H a^{D_H - 1} da$$ Équation 3.9

Où $2a$ est la longueur de la fissure, σ est la contrainte appliquée à l'infini, E est la module d'Young et γ_s est l'énergie surfacique nécessaire pour séparer la matière.

Il vient donc, en isolant les paramètres ne dépendant que du matériau :

$$\sigma^2 a^{2-D_H} \approx D_H E \gamma_s$$ Équation 3.10

Ou :

$$\boxed{\sigma = \eta \sqrt{\frac{D_H E \gamma_s}{a^{2-D_H}}}}$$ Équation 3.11

Où η est un coefficient sans dimension.

Le facteur d'intensité de contrainte est égal à :

$$\boxed{K_I = \frac{\sigma(\pi a)^{\frac{2-D_H}{2}}}{D_H^{1/2}}}$$ Équation 3.12

Remarque :

Pour $D_H = 1$ (fissure infiniment lisse), on retrouve bien l'expression classique du critère de Griffith avec le facteur d'intensité de contrainte : $K_{I0} = \sigma\sqrt{\pi a}$

Pour un problème en 3D :

Le raisonnement est similaire :

Pour une fissure de surface fractale de forme circulaire de rayon a, on a :

$$\boxed{K_I = \eta \cdot \sigma a^{(3-D_f)/2}}$$

Équation 3.13

où D_f est la dimension fractale de la surface rugueuse, i.e. $2 \leq D_f \leq 3$

Ce qu'il faut retenir :

- Une fissure a tendance à fragiliser un matériau car les **contraintes se concentrent à la pointe de la fissure**

- Cette fissure peut se propager de manière incontrôlée (rupture fragile), ou de manière contrôlée (rupture ductile).

- La mécanique de la rupture a pour but de définir des **paramètres intrinsèques** permettant de caractériser le phénomène de rupture.

- Une fissure peut être sollicitée de trois manières différentes : en traction (appelée mode I), en cisaillement (mode II) et en cisaillement anti-plan (mode III)

- Deux approches menant au même résultat peuvent être employées pour décrire la propagation d'une fissure dans un **matériau homogène, continu**, ayant un comportement **purement élastique linéaire** :

> - L'approche énergétique de Griffith : elle compare l'énergie élastique relaxée lors de la création d'une fissure à l'énergie nécessaire pour créer une nouvelle surface.
>
> - Une approche mécanique : elle mène, de manière analogue, à la définition d'un facteur d'intensité de contrainte (dû à la présence de la fissure) qui caractérise entièrement, de manière unique, le champ de contrainte autour du fond de fissure. La valeur limite de K à partir de laquelle la fissure commence à se propager de manière instable est nommée ténacité du matériau (noté K_c).

- **La ténacité** s'exprime **en Pa.m$^{1/2}$** et est un paramètre intrinsèque au matériau (qui ne dépend que de son module d'Young et de son énergie de surface)

- Son unité exotique vient du fait que l'on compare une énergie dans un volume à une énergie de surface (une dimension d'écart, d'où le m$^{1/2}$)

Il faut cependant garder à l'esprit que cette théorie est basée sur des hypothèses très contraignantes :

Hypothèses :

- Le matériau est **homogène** (il est donc considéré comme continu).

- Son comportement est **élastique linéaire**.

- Sa rupture est **fragile**.

- L'énergie élastique est relaxée (lors de la propagation d'une fissure) dans une sphère de diamètre la longueur de fissure.

- La surface de la fissure est infiniment lisse et infiniment fine.

- L'échantillon est de taille infinie.

Chapitre 4 Les études entreprises d'un point de vue déterministe

Partie 2. Etude déterministe de la rupture dans le manteau neigeux

Nous avons vu que, en général, deux types de rupture pouvaient exister : les ruptures fragiles ou ductiles. Les ruptures ductiles vont être associées à la reptation du manteau neigeux (fluage) alors que les ruptures fragiles seront, elles, associées au déclenchement d'avalanches de plaque.

Il est généralement admis qu'une avalanche résulte de la propagation instable d'une fissure basale suivie d'une rupture en traction de la plaque. L'étude de la propagation instable d'une fissure est l'objet de la mécanique de la rupture.

Nous avons d'ailleurs vu, dans la partie précédente, que beaucoup de modèles ont été conçus à partir de la mécanique de la rupture, pour tenir compte de l'influence d'une fissure dans le manteau neigeux. La mécanique de la rupture étudie les conditions de propagation d'une fissure préexistante dans un matériau. Elle permet notamment de bien rendre compte des ruptures fragiles. Cette approche est basée sur l'hypothèse forte d'élasticité linéaire du matériau. Les deux approches possibles (approche mécanique linéaire de la rupture et approche énergétique dite de Griffith) mènent à la définition d'un paramètre intrinsèque caractérisant la rupture dans un matériau. Ce paramètre est nommé ténacité et est égal au facteur d'intensité de contrainte lorsque la fissure commence à se propager de manière instable et brutale. Ce paramètre ne dépend que du matériau étudié et de la géométrie de l'échantillon testé. Il s'exprime simplement à l'aide de la contrainte loin de la fissure et de la longueur de fissure existante.

Nous avons vu qu'il existait trois modes de rupture différents : rupture en traction (mode I), rupture en cisaillement (mode II) et rupture en cisaillement anti-plan (mode III). Dans le cas d'un déclenchement d'avalanche de plaque, la fissure se propage en cisaillement à la base (parallèlement à la pente) puis en traction et en cisaillement (sur les ancrages latéraux et au sommet de la plaque). La détermination de la ténacité en mode I et II sera donc très utile pour nous permettre de « caler » les modèles à notre disposition pour décrire le déclenchement d'une avalanche de plaque.

C'est pourquoi nous avons entrepris une campagne expérimentale in situ de détermination de la ténacité en mode I et II de la neige. Nous avons utilisé le même dispositif expérimental que Kirchner (pour la mesure de la ténacité en mode I) afin de pouvoir comparer et vérifier les résultats obtenus.

4.1. L'étude expérimentale

4.1.1 Dispositif expérimental in situ

Il est basé sur le dispositif expérimental de Kirchner et Michot (2000). Ce protocole expérimental n'est pas classique. En général, une fissure de taille donnée est introduite dans l'échantillon, puis on le charge jusqu'à ce que la fissure se propage de manière instable. La donnée du chargement permet ainsi de remonter à la ténacité. Sur le terrain, il est très difficile d'accroître le chargement. Une stratégie inverse a été employée ici : un chargement constant est appliqué (la gravité) et on propage à la scie la fissure. La donnée de la longueur critique de la fissure ainsi que le chargement nous permettront d'en déduire la ténacité (*cf.* ***Partie 1.1.6.4***). Par ailleurs, nous verrons que ce n'est pas un test de traction pure, mais un test où les contraintes de traction sont obtenues par flexion.

Il existe peu d'essais concernant le mode II ; on fait en général des essais dits en mode mixte (I et II) puis on essaie de décorréler les 2 modes.

4.1.1.1 Dispositif en mode I

Une boîte profilée en forme de U servant de moule a été construite de façon à ce que les échantillons de neige prélevés soient parallélépipédiques de dimension 20cm*10cm*50cm (cf. Figure 4.1 : dispositif expérimental). Le dispositif expérimental complet, d'un poids d'environ 10kg, était donc facilement transportable dans un sac à dos de montagne.

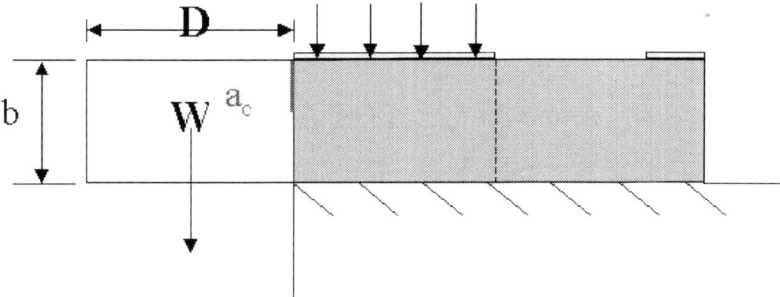

Figure 4.1 : dispositif expérimental et notations utilisées.

Partie 2. Etude déterministe de la rupture dans le manteau neigeux

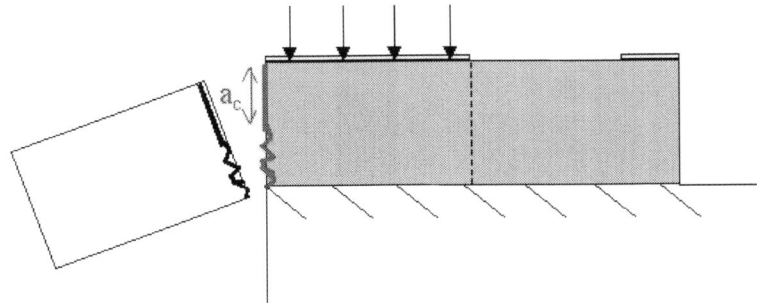

Figure 4.2 : Après la rupture, la longueur critique est facilement mesurable (lorsque la fissure se propage brutalement, la surface est rugueuse)

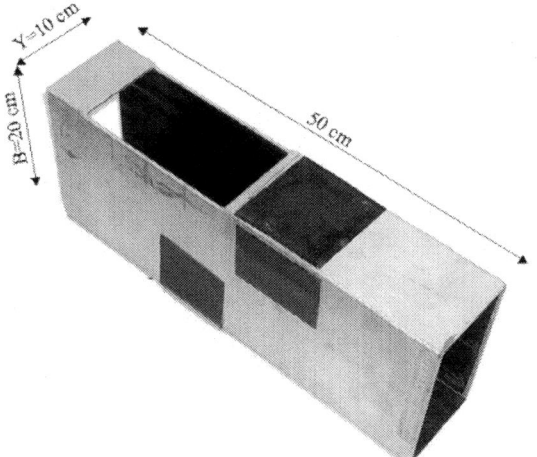

Figure 4.3 : Photographie de la boite expérimentale de mesure de ténacité en mode I (traction) et dimensions.

4.1.1.2   *Les différentes étapes de l'expérience de mesure de la ténacité en traction*

Dans un premier temps, lors de la mise en place de l'expérience, on choisit une couche de neige homogène d'épaisseur supérieure à la hauteur de la boite. On mesure sa température, ainsi que la température extérieure.

On introduit la boite dans le manteau neigeux, parallèlement aux couches de neige, dans la couche préalablement choisie. Une poutre de neige est ainsi isolée du manteau neigeux.

On pousse ensuite précautionneusement cette poutre dans la boite de façon à la mettre en porte-à-faux et la soumettre au chargement gravitaire. Ce porte-à-faux est mesuré (D).

Puis la poutre est lentement découpée verticalement au bord de la boîte à l'aide d'une scie. Cette opération ne doit toutefois pas se faire trop lentement (si la vitesse de chargement est inférieure a 10^{-4} s^{-1}, la rupture sera ductile).

Cette fissure est propagée à la scie jusqu'à une propagation brutale sous le poids propre du bloc en porte-à-faux. Aucune sollicitation extérieure n'est appliquée.

On mesure ensuite la longueur critique de la fissure propagée à la scie, au-delà de laquelle on a une propagation instable de la fissure.

Le bloc en porte-à-faux est finalement récupéré et pesé.

Kirchner et Michot utilisent le fait que cette expérience ressemble à une demi-expérience de flexion trois points (cf. Figure 4.4). Le facteur d'intensité de contrainte a été trouvé dans le cas de la flexion trois points par Tada et al. (1973) et s'exprime :

$$K_I = 6\pi^{1/2} a^{1/2} F(a/b) [4(P/2)(s/2)] / 4b^2$$

Équation 4.1

Où P est la force par unité de largeur, et F est un facteur géométrique proche de l'unité (d'après Tada et al.).

Cette formule n'est pas applicable telle quelle et doit être modifiée. Moyennant l'hypothèse que le moment de flexion ($M=(P/2)*(s/2)$) contrôle en première approximation le facteur d'intensité de contrainte, cette équation peut être écrite, dans notre cas et en utilisant les notations du problème comme :

$$K_{Ic} = 3\pi^{1/2}. F(a_{cr}/b). \left[W D a_{cr}^{1/2} \right] / Y b^2$$

Équation 4.2

Où $F(a_{cr}/b)$ est un facteur géométrique, W est le poids de la neige en porte-à-faux par unité de largeur, D est la longueur du porte-à-faux, a_{cr} est la longueur critique de fissure, b est la hauteur de la poutre (ici 20cm) et Y la largeur de la poutre (ici 10 cm).

F dépend de la géométrie de la boite et est approximativement égale à 1 (validé par calcul éléments finis, Kirchner et al, 2000).

Partie 2. Etude déterministe de la rupture dans le manteau neigeux

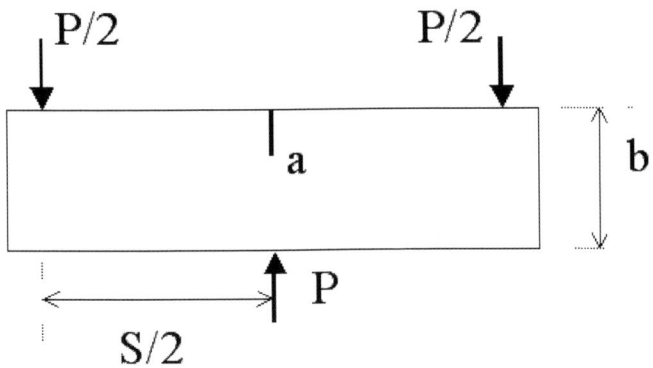

Figure 4.4 : Essai classique de flexion trois points.

Cette formule est valable lorsque les contraintes de cisaillement sont négligeables par rapport aux contraintes de traction en fond de fissure. A priori, cette hypothèse ne sera plus valable pour de petits porte-à-faux (où le moment de flexion sera faible devant l'effort tranchant)...

4.1.1.3   Dispositif expérimental de la mesure de la ténacité en mode II

Cette seconde expérience s'inspire de la première, la même boite est utilisée. On prélève l'échantillon de la même façon, puis on la place verticalement, la fissure étant pratiquée en son milieu en partant du bas[33].

---

[33] Ce procédé expérimental permet donc de charger la poutre de neige en cisaillement, selon **la même direction** que le cisaillement résultant de la gravité au sein du manteau neigeux.

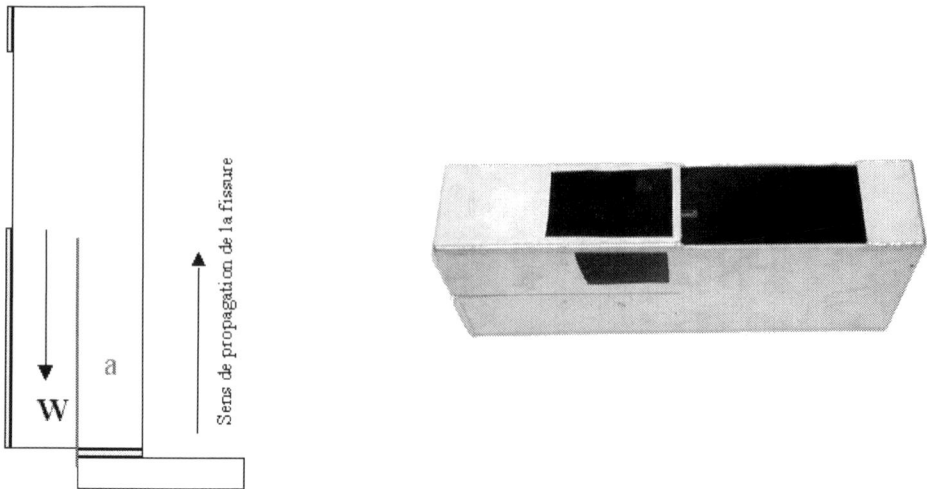

Figure 4.5 : Photographie du dispositif expérimental de mesure de ténacité en mode II (cisaillement).

Figure 4.6 : boite expérimentale pour mesurer la ténacité en mode II

Ces deux dispositifs expérimentaux mesurent bien K_{Ic} et K_{IIc} dans des directions identiques à celles qui interviennent dans le déclenchement de l'avalanche : Par contre, ils concernent les ténacités dans la plaque et non dans la couche fragile, sauf à disposer d'une poutre de neige comprenant la couche fragile au niveau du trait de scie. On se rend bien compte que le paramètre *essentiel* pour le déclenchement des avalanches sera la ténacité en *cisaillement* dans la couche fragile qui ne peut être évalué et qui, à priori, doit être significativement différente de la ténacité en traction dans la plaque

4.1.2   Les résultats

4.1.2.1   Les résultats de Kirchner et al.

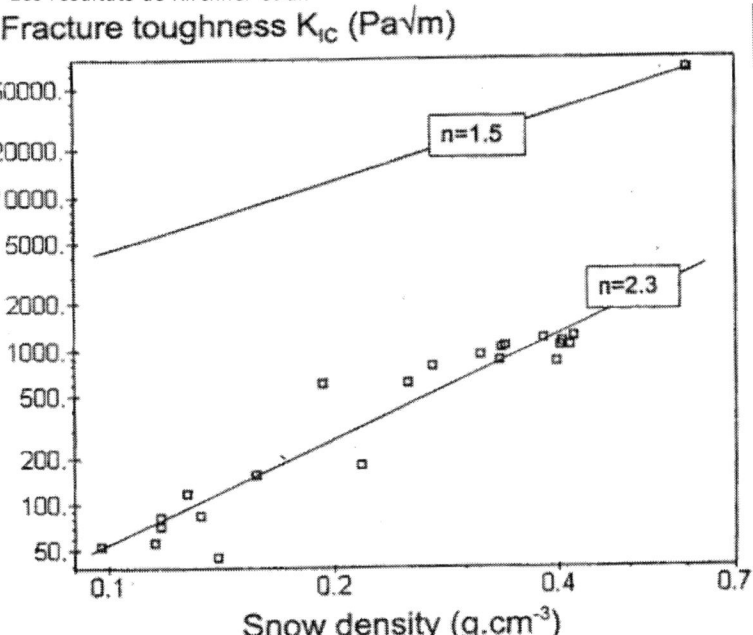

Figure 4.7 : Résultats des expériences de mesure de ténacité en mode I de Kirchner en fonction de la densité de la neige. La pente de −2.3 est la meilleure approximation (moindre carré) de ces 22 points. La valeur de la ténacité d'un névé (ρ=0.6) de Ficher et al (1995) est aussi montrée. La pente de 1.5 représente la pente théorique que doit suivre une mousse de glace...

Michot et Kirchner ont testé 22 échantillons de neige de densités différentes, pris à différents endroits et différentes profondeurs. Les porte-à-faux utilisés ont été pris indifféremment à 10 ou 20 cm. La profondeur de fissure critique variait de 1.4 à 14 cm. Les auteurs observent donc une forte dépendance de la densité sur la ténacité de la neige en mode I. La ténacité varie, d'après les auteurs, entre 50 et 1000 $Pa.m^{1/2}$, faisant ainsi de la neige le matériau le plus fragile existant dans la nature.

4.1.2.2   Nos résultats

Notre campagne expérimentale a été menée dans les Alpes françaises entre 2001 et 2003. Différents types de neige ont été testés, des masses volumiques comprises entre 100 et 370 $kg.m^{-3}$, avec différents porte-à-faux. Nous ne pouvions pas tester des neiges plus légères car sinon la poutre de neige se rompt lors de la mise en porte-à-faux, la neige fraîche étant trop fragile (cohésion de feutrage). Nous ne pouvions pas non plus tester des neiges de masse volumique plus élevée que 370 car, dans ce cas, la boite expérimentale ou bien ne peut pénétrer dans le manteau neigeux ou bien se déforme (cf. Figure 4.8). Lors de la pénétration de la boite dans le manteau neigeux, les contraintes sur les faces sont très élevées.

Figure 4.8 : déformation de la première boite expérimentale (en plastique sans étais) après que celle ci ait été enfoncée dans le manteau neigeux.

Nous avons relevé, pour chacune des expériences, le type de grain présent, la masse volumique, le porte-à-faux, la longueur critique de la fissure et la température de la neige testée. A l'usage, nous avons essayé d'effectuer chaque série d'expériences sur une même couche de neige afin de pouvoir comparer les valeurs de ténacité obtenues pour différents porte-à-faux. En règle générale, nous testions des couches de neige redéposées par le vent, composées de grains fins car les avalanches de plaque sont composées, la plupart du temps, de ce type de grain (plaques à vent). Nous tentions donc d'obtenir une valeur de ténacité pour des neiges « dangereuses »[34], i.e. celles où une avalanche de plaque est susceptible de se déclencher.

Dans les résultats présentés ci dessous, nous avons considéré toutes les expériences effectuées, même celles où la boite expérimentale ne pouvait pénétrer dans le manteau

---

[34] Pour la mesure de ténacité en cisaillement, il faudrait trouver la couche fragile…

Partie 2. Etude déterministe de la rupture dans le manteau neigeux

neigeux. Dans ce cas, une poutre de même géométrie était découpée à la scie et le test était effectué hors de la boite. Nous présentons ici 89 mesures de ténacités en traction sur de la neige composée de grains fins de différents diamètres.

4.1.2.2.1 Incertitude sur les mesures

La ténacité par unité de largeur est donnée par :

$$K_{Ic} = 3\pi^{1/2}.F(a_{cr}/b).\left[W D a_{cr}^{1/2}\right]/Y.b^2 \qquad \text{Équation 4.3}$$

avec $W = mv.gDb$

D'où :

$$\frac{\Delta K_{Ic}}{K_{Ic}} = \frac{\Delta F}{F} + \frac{\Delta mv}{mv} + 2\frac{\Delta D}{D} + \frac{1}{2}.\frac{\Delta a_{cr}}{a_{cr}} + \frac{\Delta b}{b} + \frac{\Delta Y}{Y} \qquad \text{Équation 4.4}$$

Les imprécisions dues aux erreurs de lecture des longueurs (relevée à l'aide d'un mètre) sont de 1cm. Soit, pour des valeurs typiques de D et a :

$$\frac{\Delta D}{D} \approx \frac{1}{25} \approx 0.04 \quad \text{et} \quad \frac{\Delta a_{cr}}{a_{cr}} \approx \frac{1}{10} \approx 0.1$$

Quant à la masse volumique, les essais sur une même couche montrent que l'imprécision est d'environ :

$$\frac{\Delta mv}{mv} \approx \frac{15}{200} \approx 0.075$$

Finalement, on a :

$$\frac{\Delta K_{Ic}}{K_{Ic}} = 0.0625 + 2*0.04 + 0.5*0.1 \approx 0.20$$

L'erreur sur la mesure de la ténacité sera donc d'environ 20%, si l'erreur sur la mesure du porte-à-faux est de 4% et l'erreur sur la longueur critique de 10%.

Les erreurs représentées sur les Figure 4.9 et Figure 4.11 utilisent l'Équation 4.4 avec $\Delta m_v = 15$ kg.m^{-3}, $\Delta D = 1$ cm, $\Delta a_c = 1$ cm.

4.1.2.2.2 Ténacité en mode I en fonction de la masse volumique de la neige

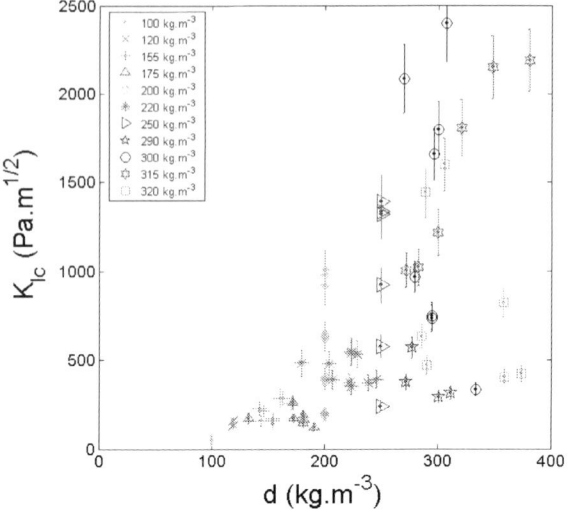

Figure 4.9 : Ténacité en mode I en fonction de la masse volumique de la neige testée, chaque type de symbole correspond à une série expérimentale (sur une même couche de neige).

Comme Kirchner, nous constatons une augmentation de la ténacité en mode I avec l'augmentation de la densité. Nos résultats sont en accord avec ceux de Kirchner puisque l'ordre de grandeur de la ténacité est respecté, de l'ordre de 1000 Pa.m$^{1/2}$. Par contre, la Figure 4.9 montre une réelle dispersion des résultats. Les valeurs obtenues pour différentes neiges ayant une densité équivalente semblent varier énormément. Cette variation constatée est plus forte que les incertitudes de mesure.

La densité n'est donc pas l'unique paramètre pour définir les propriétés de la neige[35].

On sait par ailleurs que la température de la neige doit avoir une incidence sur la ténacité.

---

[35] A première vue, ceci semble logique puisque différents types de neige peuvent très bien avoir des densités égales mais des structures différentes. Par exemple, une neige constituée de ponts de glaces épais séparant de grandes cavités et une neige de très faible porosité associée à des ponts de glace très fins auront des propriétés mécaniques très différentes

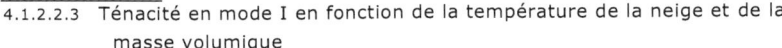

4.1.2.2.3 Ténacité en mode I en fonction de la température de la neige et de la masse volumique

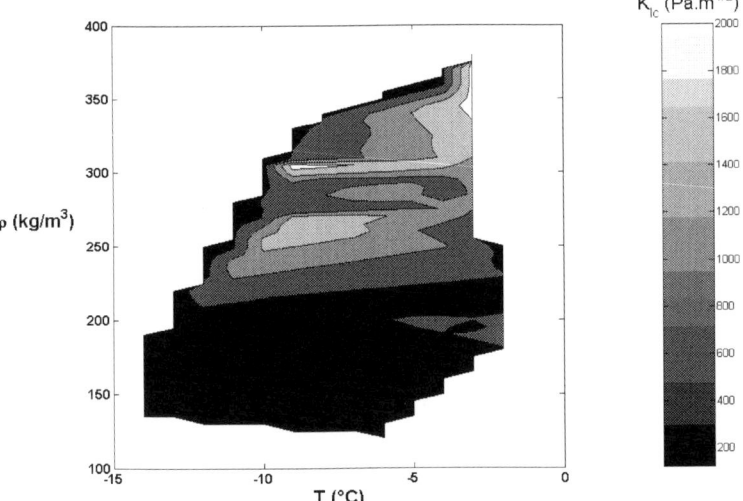

Figure 4.10 : Représentation de la ténacité en mode I en fonction de la masse volumique et de la température de la neige testée en 2D.

La Figure 4.10 nous montre l'évolution de la ténacité en mode I avec la masse volumique et la température de la couche de neige testée. Théoriquement, la ténacité devrait augmenter avec la température. Intuitivement, plus la température est proche du point de fusion, plus la neige est visqueuse[36]. La ténacité devrait donc être plus grande.

Or, la Figure 4.10 montre que la température n'a pas d'influence significative sur la dépendance de la ténacité avec la masse volumique. Ceci semble être en contradiction avec les résultats récents de Schweizer et al. (2003) qui montrent que la ténacité évolue avec la température suivant la loi d'Arrhenius. Ceci s'explique par le fait que Schweizer a testé la *même neige* dans une chambre froide à différentes températures. Dans notre cas, nos études ont été menées en montagne : La température de la neige était donc « subie », et les différents essais s'effectuaient sur différents types de neige. On ne peut donc pas comparer nos résultats avec ceux de Schweizer et al. (2003)

Il faut cependant noter que, dans la gamme de température de nos tests (de −13 à −2°C), les valeurs de ténacité obtenues par Schweizer (2003) ne varient pas significativement avec la

---

[36] Inversement, plus la neige est froide, plus elle est fragile.

température. Nous pourrons donc considérer que, dans notre cas, l'influence de la température sur les mesures de ténacité sera négligeable.

Nous avons vu que densité et température n'étaient pas les seuls paramètres qui interviennent dans la détermination de la ténacité. Voyons maintenant l'influence du porte-à-faux testé (et donc de la géométrie de la poutre) sur les valeurs de ténacités obtenues.

4.1.2.2.4 Ténacité en fonction du porte-à-faux testé

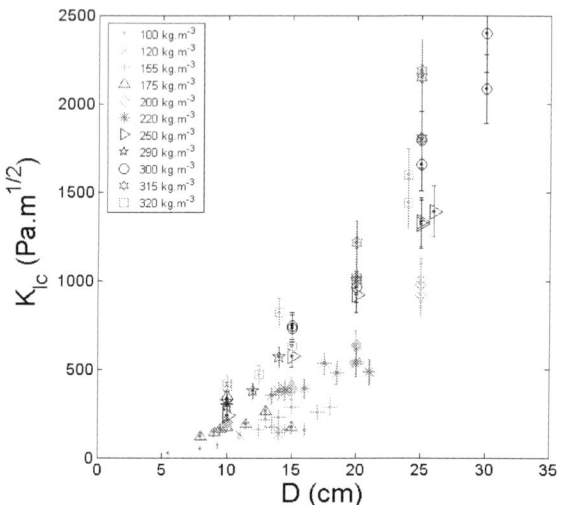

Figure 4.11 : Ténacité en mode I en fonction du porte-à-faux testé pour toutes les expériences, chaque type de symbole correspond à une série expérimentale (sur une même couche de neige).

On constate donc que les valeurs de ténacité en mode I dépendent du porte-à-faux testé ! Normalement, ce ne devrait pas être le cas, vu que la ténacité doit être un *paramètre intrinsèque* au matériau et ne doit donc pas dépendre de la *géométrie* de l'échantillon testé. Pour être sur de cette dépendance, nous avons pris soin, par la suite, de faire plusieurs tests sur *une même couche* de neige avec des porte-à-faux différents. Les résultats des mesures auraient donc du être égaux

Ce résultat, reproductible, est inattendu (il n'avait pas encore été décelé jusqu'alors). Nous discuterons dans le paragraphe 4.2 des raisons possibles de ce comportement surprenant.

4.1.2.2.5 Ténacité en fonction du porte-à-faux testé et de la masse volumique de la neige

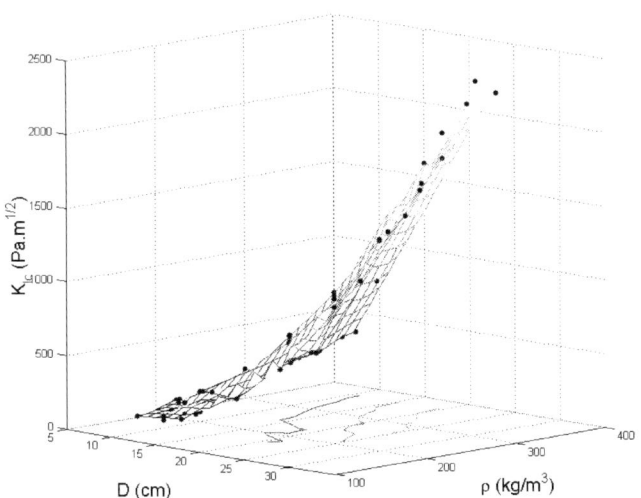

Figure 4.12 : Représentation en trois dimensions de la ténacité en mode I en fonction de la masse volumique de la neige et en fonction du porte-à-faux testé.

Nous avons mis en évidence ici un problème découvert lors des expériences : le porte-à-faux testé a une influence sur la mesure de la ténacité de la neige. Les Figure 4.9 et Figure 4.11 montraient des valeurs de ténacités très dispersées tant en fonction de la masse volumique de la neige que du porte-à-faux testé. Ces mêmes résultats sont maintenant présentés sur la Figure 4.12, qui représente la ténacité en fonction de la masse volumique et du porte-à-faux. Dès lors, une cohérence apparaît entre toutes les mesures qui semble robuste. Ces résultats semblent retrouver toute leur cohérence et semblent être répartis sur une *nappe*.

Après analyse, la nappe a pour équation $K_{IC} = 10^{-3}.D^{1.77}.\rho^{1.51}$

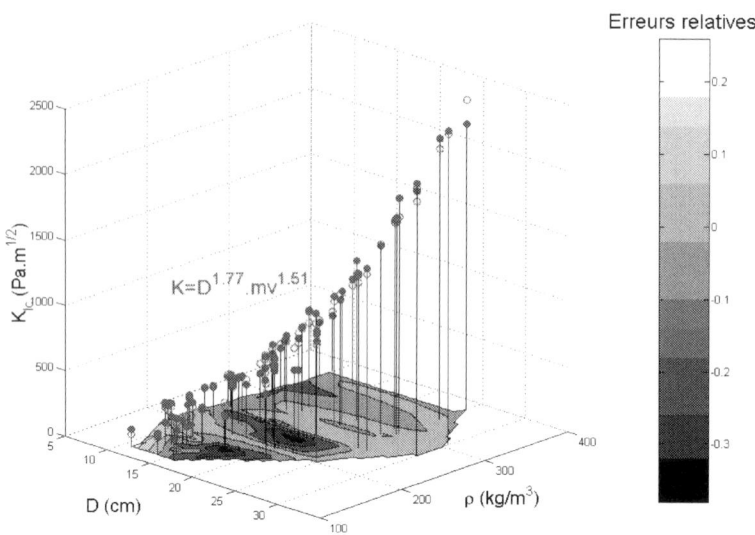

Figure 4.13 : Représentation de K_{IC} en fonction de D et ρ. Les données sont représentées par des points pleins, la courbe d'équation $K_{IC} = 10^{-3}.D^{1.77}.\rho^{1.51}$ est représentée par les points évidés. L'erreur relative entre les points expérimentaux et les points interpolés est représentée sur le plan $K_{IC}=0$ Pa.m$^{1/2}$

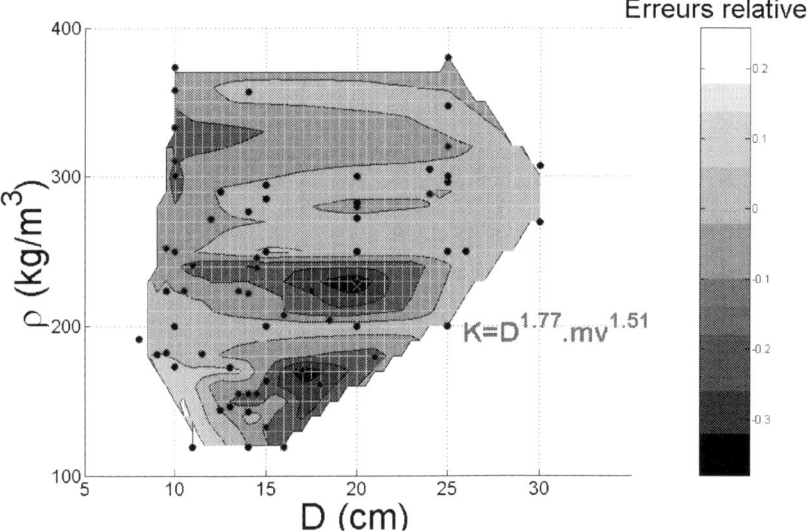

Figure 4.14 : Erreurs relatives entre les ténacités expérimentales et la nappe d'équation : $K_{IC} = 10^{-3}.D^{1.77}.\rho^{1.51}$.

Les Figure 4.13 et Figure 4.14 montrent que, hormis deux points (les zones noires), les erreurs sont de l'ordre de 10 %. La dépendance de K_{IC} avec ρ avait déjà été mise en évidence.

Partie 2. Etude déterministe de la rupture dans le manteau neigeux

Schweizer et al. (2003) trouvent une dépendance allant de $K \sim \rho^{1.9}$ à $K \sim \rho^{2.1}$. Nos résultats indiquent plutôt une dépendance du type $K \sim \rho^{1.5}$. Cette dépendance peut être expliquée par la mécanique des mousses (Gibson et Ashby, 1988).

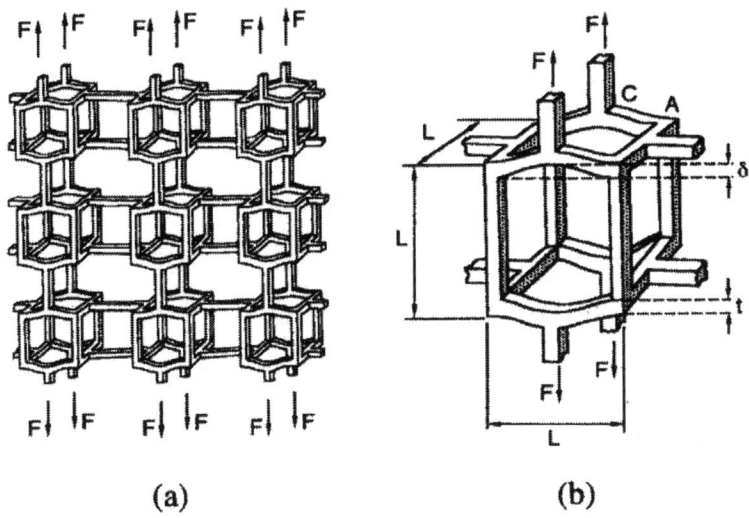

(a)   **(b)**

Figure 4.15 : (a) modèle de type poutre d'une mousse (Gibson et Ashby, 1988). La déformation de la mousse de glace est produite par les flexions des poutres de glace. (b) cellule de la mousse. Les contraintes et déformations maximales apparaissent en A et C. (D'après Kirchner et al., 2001)

D'après la géométrie de la mousse présentée dans la Figure 4.15 , on a :

$$\frac{E_{neige}}{E_{glace}} = C \left(\frac{\rho_{neige}}{\rho_{glace}} \right)^2 \qquad \qquad \text{Équation 4.5}$$

En supposant que la rupture fragile est causée par la rupture fragile des poutres de glace, la ténacité de la glace et de la neige peuvent être reliées. Une fissure, avançant sur une surface L^2 dans la mousse (cf. Figure 4.15 a) casse, en moyenne une poutre de glace de section t^2. Les taux de restitution d'énergie sont, pour la glace : $G_{glace} = (K_{ICglace})^2 / E_{glace}$ et, pour la neige $G_{neige} = (K_{IC\ neige})^2 / E_{neige}$. On a donc :

$$G_{glace} t^2 = \frac{\left(K_{Ic}^{glace} \right)^2}{E_{glace}} = G_{neige} L^2 = \frac{\left(K_{Ic}^{neige} \right)^2 L^2}{E_{neige}} \qquad \qquad \text{Équation 4.6}$$

Soit, en utilisant le fait que le rapport relatif des densités est de $\rho_{glace}/\rho_{neige} = (2t/L)^2$ et l'Équation 4.5 :

$$\frac{K_{Ic}^{neige}}{K_{Ic}^{glace}} = \frac{1}{2} \left(\frac{\rho_{neige}}{\rho_{glace}} \right)^{3/2} \quad \text{(D'après Kirchner et al., 2001)} \qquad \text{Équation 4.7}$$

La proportionnalité de la ténacité avec la puissance 3/2 de la densité relative a été vérifiée pour différentes mousses polymériques fragiles (Gibson et Ashby)

La mécanique des mousses fournit donc un cadre théorique permettant d'expliquer la variation expérimentale de la ténacité avec la densité de la neige.

4.1.2.2.6 Mesure de ténacité en mode II

Lors des essais, l'échantillon ne se rompait pas dans le prolongement de la fissure. La fissure avait tout le temps tendance à dévier en mode I (traction). Ce résultat est assez classique. Dans le verre, par exemple, une fissure s'oriente toujours de manière à se propager en mode I. Ceci semble être le cas pour les matériaux dits fragiles. Par contre, ce n'est plus vrai en couche épaisse (Louchet et al., 2000)

Le fait de trouver une ténacité en mode II pour un échantillon est important pour donner un ordre de grandeur mais, par contre, on mesure la ténacité en mode II au sein d'une couche de neige. Ce résultat doit donc être significativement différent de la ténacité en mode II d'une couche fragile, celle qui est utilisée dans les modèles.

Dans une couche homogène (sans couche fragile), le fait que la fissure dévie en mode I soulève plusieurs questions : cette déviation en mode I signifie-t-elle que la ténacité en mode II est nettement plus élevée en mode II qu'en mode I ?

Le fait que, en cisaillement, les grains aient toujours la possibilité de se fritter incite Louchet à penser que la ténacité en mode II doit être significativement plus élevée que celle en mode I. Kirchner et al. ont aussi tenté de mesurer cette ténacité en mode II par une technique différente de la notre. Ils concluent que la ténacité en mode II est du même ordre de grandeur que la ténacité en mode I. On peut cependant émettre des réserves car ils sont très dispersés. Basé sur le même principe que notre expérience (poutre en porte-à-faux, mais un chargement extérieur est appliqué), ils utilisent de très faibles porte-à-faux (égal à 10 cm). La mécanique de la rupture est utilisée pour calculer les facteurs d'intensité de contraintes alors que leur neige est « très poreuse ». Bref, la mesure de la ténacité en mode II n'est pas encore bien comprise et n'a pas été déterminée avec précision. De toute façon, c'est la ténacité en mode II de la couche fragile qui nous intéresse puisque c'est là que la fissure s'initie et se propage. Enfin, on n'a pas encore de moyen fiable pour la mesurer.

4.2. Analyses et discussion

Le point le plus marquant qui ressort de ces résultats est l'influence du porte-à-faux testé sur la mesure de la ténacité en mode I. Cette dépendance semble réelle puisqu'elle est située en dehors des imprécisions de mesures. Il est donc intéressant de comprendre l'origine de cette dépendance.

Plusieurs hypothèses viennent à l'esprit pour expliquer l'influence du porte-à-faux testé sur la ténacité :

(i) Le cisaillement n'est pas négligeable par rapport à la traction en fond de fissure.

(ii) La Mécanique des Milieux Continus ne s'applique peut être pas au cas de la neige qui devra être considérer comme un milieu granulaire : l'approche de Griffith pourrait ne plus être valable.

(iii) La dépendance de K_{Ic} avec D peut aussi venir de la nature non compacte de la neige. L'équilibre statique requiert que la zone en traction en tête de fissure soit équilibrée par une zone en compression au-dessous. Les contraintes en compression peuvent mener à un effondrement des grains les uns sur les autres qui favoriseraient la rupture de la poutre. La valeur de K_{IC} observée devrait donc diminuer si le porte-à-faux augmente.

(iv) Une dernière possibilité pourrait venir de la taille de la zone plastique en tête de fissure. Si la taille de la zone plastique n'est pas négligeable devant la hauteur de boite –plus exactement devant $b-a_c$ – la formule ne sera plus valide (il faudra utiliser Irwin, *cf. 3.3.2*).

Pour nous aider à discuter ces idées, nous avons fait des modélisations à l'aide de codes aux Eléments distincts.

4.2.1 Modélisation éléments distincts

4.2.1.1 Principe de calcul

Dans notre cas, le milieu granulaire est assimilé à un ensemble de grains circulaires indéformables de rayons différents, et on se place dans un problème strictement bidimensionnel.

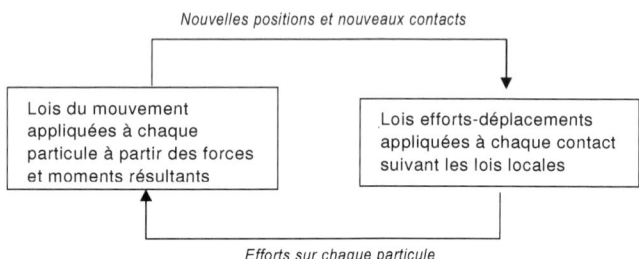

Figure 4.16 : 2 étapes importantes d'un cycle de calcul dans la M.E.D.

Deux codes différents ont été utilisés, l'un cinématique, l'autre élastique.

4.2.1.2 Code « grain »

Le programme grain est un développement d'un logiciel appelé LMGC (Logiciel de Mécanique Gérant les Contacts) programmé par Michel Jean et repris au laboratoire 3S par Jack Lanier.

Ce programme est basé sur la cinématique des grains et ne fait pas intervenir d'élasticité dans les contacts entre grains. Une condition de non-pénétration est introduite : A chaque itération, toutes les positions des grains sont inspectées et les contacts déterminés. Dans le cas où deux grains se pénètrent, une force tendant à les éloigner est ajoutée pour empêcher la pénétration. Cette force est réinjectée dans le bilan des forces. Lorsque tous les déplacements des grains sont admissibles (i.e. vérifient la non-pénétration et la loi de Coulomb), on passe au pas de temps suivant.

Dans le cas des résultats présentés ci-dessous, l'éprouvette numérique est constituée d'un assemblage de 2000 cylindres de diamètres différents. Les contacts entre grains sont totalement rigides (pas de mouvement relatif entre les grains) et peuvent se rompre si le critère de rupture est atteint. A chaque pas de temps, la gravité est incrémentée jusqu'à obtenir la rupture de l'échantillon.

Ce code est donc adapté à la résolution de problèmes dynamiques mais ne pourra pas nous fournir de calculs d'énergie élastique (puisqu'il n'y a pas d'élasticité). Ce dernier point est d'importance puisque l'approche de Griffith est fondée sur l'élasticité du matériau. Ce modèle ne pourra donc pas nous fournir des résultats quantitatifs.

Cependant, l'allure qualitative de la rupture est bien reproduite (*cf. Figure 4.17*). On remarque notamment que la répartition des chaînons de forces autour de la fissure n'est pas homogène (*cf. Figure 4.18*).

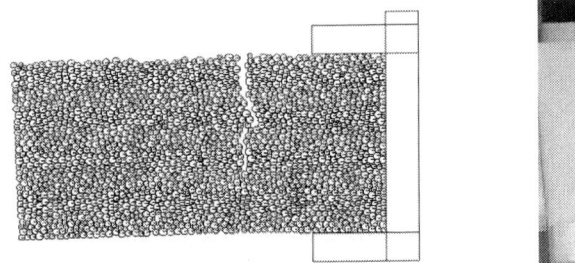 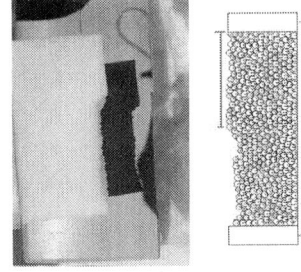

Figure 4.17 : modélisation de l'expérience à l'aide du code "grains" (Bonjean, 2001).

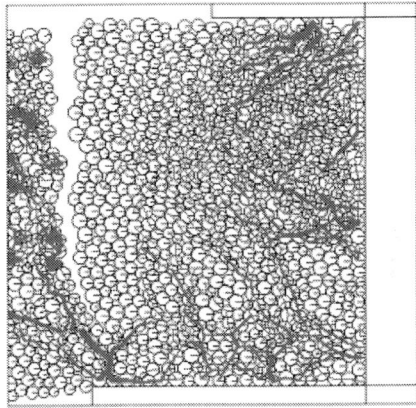

Figure 4.18 : chaînons de forces entre les grains (l'épaisseur des traits représente l'intensité des forces de contact (d'après Bonjean, 2001).

Ces résultats ont été obtenus par David Bonjean (DEA, 2001).

4.2.1.3   Code pfc2D

Tous les calculs présentés dans ce paragraphe ont été effectués par Bruno Chareyre, doctorant au LIRIGM de Grenoble. Cette partie mériterait d'être plus développée, néanmoins les premiers résultats semblent intéressants. Nous allons les présenter en deux parties.

<u>4.2.1.3.1</u> Premier test : Griffith

Pour savoir si la composition granulaire de la neige a une influence sur la ténacité, le code PFC2D qui fait intervenir l'élasticité entre les grains a été utilisé.

Notre but est ici de tester la validité de l'approche de Griffith sur les milieux granulaires. Vu que l'approche de Griffith est une approche énergétique, nous avons calculé l'énergie élastique relaxée dans tout l'échantillon (macroscopique) lors de la propagation d'une fissure.

L'échantillon testé comporte environ 104 grains cylindriques de diamètres différents et est chargé en traction (par l'action de la gravité). La Figure 4.19 nous montre une représentation des forces s'appliquant entre les grains (en rouge : traction ; en bleu : compression), l'épaisseur des traits étant proportionnelle à l'intensité de la force. La fissure est introduite au centre de l'échantillon en imposant une cohésion nulle entre chaque grain situé dans une zone rectangulaire.

On voit bien (*cf. Figure 4.19*) que l'introduction de la fissure a un effet sur l'intensité et la direction des forces qui s'exercent entre les grains près du fond de fissure. La contrainte semble être relaxée dans une *zone circulaire* autour de la fissure. L'allure globale s'apparente donc *qualitativement* avec la description de Griffith. Mais qu'en est-il d'un point de vue quantitatif ?

Nous avons calculé l'énergie élastique stockée dans l'échantillon en augmentant peu à peu la taille de la fissure. Pour que les résultats soient en accord avec la théorie de Griffith, il faudrait que la variation de l'énergie élastique totale (macroscopique) varie comme le carré de la variation de la taille de la fissure (nous sommes en 2D), soit $dE \sim (da)^2$. En représentation log-log, on devrait donc obtenir une droite de pente 2.

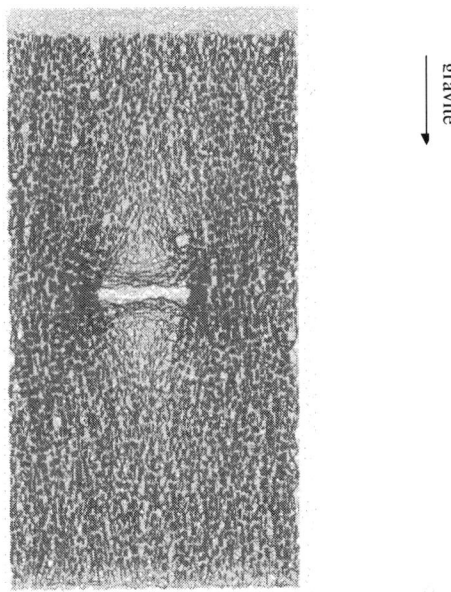

Figure 4.19 : Représentation des forces s'appliquant aux contacts entre les grains. En rouge : traction, en bleu : compression. La largeur des traits représente l'intensité du contact. Les grains situés sur le bord horizontal du haut sont fixés (représenté en jaune). La gravité est appliquée verticalement.

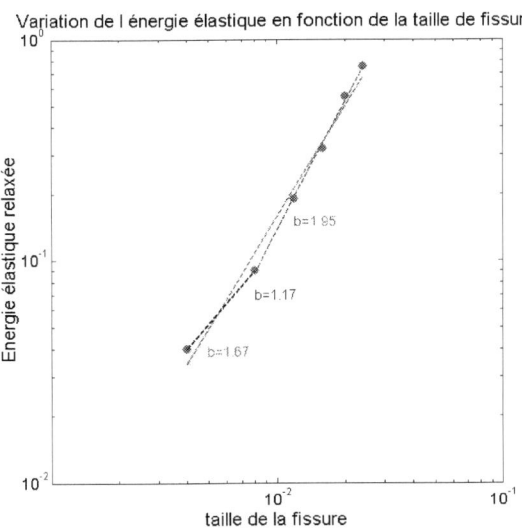

Figure 4.20 : Energie élastique relaxée en fonction de la taille de la fissure. L'énergie élastique est estimée en additionnant l'énergie élastique de tous les contacts.

La Figure 4.20 montre donc que, pour des tailles supérieures à quelques grains, la variation est conforme aux prévisions de Griffith (pente de 1.95 lorsque la fissure est grande). L'écart à la pente de 2 n'est pas significatif. Au départ, il semble que l'énergie soit presque proportionnelle à la longueur de la fissure. Ce résultat est logique puisque, pour de très petites fissures, la zone où l'énergie élastique est relaxée ne concerne que quelques grains (donc augmentation linéaire).

L'approche de Griffith ne peut donc pas être *invalidée* dans ce cas... Nous avons donc effectué un autre test en prenant en compte, cette fois, la géométrie particulière de la boite expérimentale.

4.2.1.3.2   2ème test : influence de la géométrie de notre échantillon

Le but est ici de voir si la géométrie particulière de l'expérience a une influence sur la répartition spatiale de l'énergie élastique, pouvant notablement modifier les résultats de l'approche de Griffith.

Pour cela, nous avons modélisé l'expérience pour différents porte-à-faux (*cf. Figure 4.21, Figure 4.22, Figure 4.23*). Le même échantillon a été utilisé pour les trois tests. La fissure a été déplacée en conséquence.

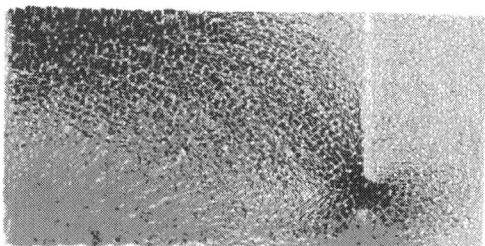

Figure 4.21 : Représentation des forces s'appliquant sur les contacts entre grain au pas de temps précédent la rupture ; pour un porte-à-faux de 10 cm (à droite). Les forces de traction sont représentées en gris foncé et les forces de compression en gris clair. La gravité est appliquée verticalement

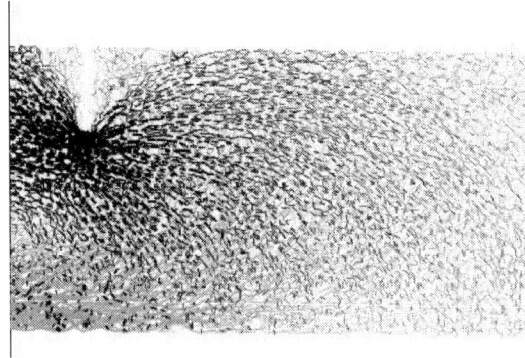

Figure 4.22 : Représentation des forces s'appliquant sur les contacts entre grain au pas de temps précédent la rupture ; pour un porte-à-faux de 20 cm.

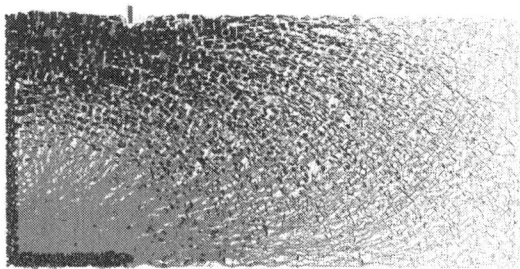

Figure 4.23 : Représentation des forces s'appliquant sur les contacts entre grain au pas de temps précédent la rupture ; pour un porte-à-faux de 30 cm. Le trait rouge indique l'endroit où la fissure a été initialisée.

Une approche quantitative a été menée pour voir l'influence du porte-à-faux sur la répartition de l'énergie élastique : Nous avons relevé chaque couple (D, a), au pas de temps précédant la rupture globale de la poutre. Nous avons donc les couples (D, a_c) pour 4 valeurs de D.

Normalement, si la répartition de l'énergie élastique stockée est homogène dans l'espace, on devrait avoir $D^2.a_c^{1/2}$~constante (*cf. 3.4.3*). Nous avons testé, pour ces 4 valeurs $D^2.a_c^\xi$, tous les exposants ξ entre 0 et 1. En prenant l'exposant qui minimise le rapport de la variance sur la moyenne, nous avons l'exposant qui intervient dans l'expression de la ténacité (puisque la ténacité doit être indépendante du porte-à-faux testé).

Nous obtenons ξ~0.84, ce qui n'est pas 0.5 comme on aurait pu l'attendre... Cependant, l'arrangement géométrique des grains a une influence sur le résultat trouvé. Pour être certain de nos résultats, il faudrait faire des statistiques et prendre la valeur moyenne de a_c pour chaque porte-à-faux testé.

Nous avons aussi testé les exposants ξ entre 0 et 1 pour $D.a_c^\xi$ au lieu de $D^2.a_c^\xi$. Il s'avère que, dans ce cas, $\xi \sim 0.48$, en accord avec la formule de Griffith (0.5), mais apparemment en contradiction avec la formule utilisée par Kirchner.

4.2.2 Conclusions

Répondons maintenant aux interrogations formulées en introduction de ce paragraphe :

En ce qui concerne le cisaillement, les résultats obtenus par la méthode des Eléments Distincts ont montré que les zones de compression et de traction ne se chevauchaient que dans le cas d'un porte-à-faux de 10 cm (*cf. Figure 4.21* où les zones en gris foncé et gris clair ne peuvent plus être clairement distinguées). Ceci suggère donc que la composante de cisaillement est négligeable pour des porte-à-faux supérieurs à 10 cm.

Le paragraphe 4.2.1.3.1 nous a montré que l'approche de Griffith pouvait toujours s'appliquer pour un milieu granulaire à contacts élastiques. Par contre, la géométrie particulière de notre boite expérimentale semble mener à des contractions qui demanderaient à être éclaircies.

Des contraintes de compression près du bord inférieur de la boite expérimentale (en gris clair sur la Figure 4.21) pourraient entraîner une rupture des ponts de glace reliant les grains et donc un effritement de la neige dans la zone de compression. Ce résultat est qualitativement en accord avec le fait que la ténacité *expérimentale* est relativement plus faible pour de petits porte-à-faux (la longueur critique sera moins grande car elle pourra se propager plus facilement du fait des propriétés mécaniques plus faibles du matériau). Cependant, un tel effritement n'a jamais été observé dans nos expériences.

Pour tester l'influence possible de la taille de la zone plastique en tête de fissure sur les résultats de ténacité, nous avons effectué plusieurs essais à différentes vitesses de sciage (de 10 secondes à 10 minutes). Aucune différence notoire entre les valeurs de a_c n'a pu être détectée. De plus, aucune zone plastique n'a été observée.

Examinons maintenant une autre piste.

Le chapitre 1.4 nous a appris que, pour des densités faibles, la répartition de masse dans l'espace paraissait être de nature fractale. Or, les échantillons numériques utilisés dans le code pfc2d ne sont pas construits de manière fractale, ce qui pourrait expliquer qu'aucune différence notable n'ait été détectée.

4.3. Vers une ténacité fractale ?

Ce caractère fractal de l'arrangement de la matière dans l'espace pourrait être retrouvé dans l'arrangement spatial des chaînons de forces entre les grains (cf. Partie 1.1.4.1 pour l'explication du concept de chaîne).(Le réseau de grain pourrait même être multifractal[37], puisque l'intensité de forces de contact joue un rôle dans la transmission des efforts) La Figure 4.18 aurait plutôt tendance à confirmer cette supposition (cf. Figure 4.24). Dans ce cas, l'énergie élastique serait alors stockée dans un réseau fractal de chaînons de forces et non de manière homogène dans l'espace.

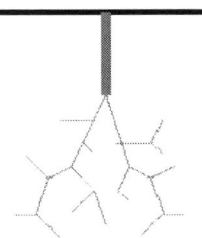

Figure 4.24 : Représentation schématique du réseau fractal de chaînons de forces.

Pour tenter de valider cette idée, il faut revenir à l'approche énergétique de Griffith. En adoptant la même méthode que dans la partie consacrée à la mécanique de la rupture, le critère classique de stabilité de fissure de Griffith peut se généraliser à une répartition fractale de l'énergie élastique autour de la fissure, en adoptant une méthode similaire à celle employée dans le paragraphe 3.5 :

$$\frac{d}{da}\left(\frac{\sigma^2}{2E}\frac{\pi a^{\xi}}{2}\right)\approx 2\gamma_s \qquad \text{Équation 4.8}$$

soit $\dfrac{\sigma^2}{2E}\dfrac{\pi\xi a^{\xi-1}}{2}\approx 2\gamma_s$

Où ξ est la dimension fractale du réseau de chaînons de forces. ($\xi=2$ pour une répartition homogène dans l'espace)

On peut alors définir une ténacité « fractale » définie par :

---

[37] On appelle multi-fractale, une fractale géométrique sur laquelle est ajoutée une information en chaque point. Exemple : Il a été montré que la pluie avait une distribution fractale dans l'espace. Une analyse multi-fractale consiste à ajouter, en plus de l'information géographique, l'intensité de cette pluie en chaque point.

$$K_{Ic}^{fractal} \approx \sigma.a^{\frac{\xi-1}{2}} = \sigma.a^{\eta} = \sqrt{\frac{8\gamma_s E}{\pi\xi}}$$

Équation 4.9

avec $\eta = \dfrac{\xi-1}{2}$

Cette définition de ténacité fractale est bien intrinsèque au matériau puisque σa_c^{η} ne dépend que des propriétés mécaniques du matériau.

Cette dimension η peut être obtenue à l'aide de nos données de terrain. Si la définition de la ténacité fractale est exacte, elle devrait être un paramètre intrinsèque au matériau donc indépendante du porte-à-faux utilisé. Comme suggéré dans 4.2.1.3.2 et bien que les raisons en soient encore obscures, nous avons donc calculé la valeur de $D.a_c^{\eta}$, pour tous les couples (D, a_c), pour une série de η variant entre 0 et 1. La valeur optimale de η est celle qui minimise le rapport de la variance sur la moyenne de $D.a_c^{\eta}$. Cette opération a été menée sur 4 types de neiges différents, ayant toutes été transportées par le vent :

La neige testée à 120 kg/m3 était composée de grains fins et de particules reconnaissables, avait une température de $-8.5°C$, une dureté de poing et était fraîchement redéposée par le vent (tous les ingrédients sont ici réunis pour obtenir η fractal !). La neige testée à 150 kg/m^3 était composée de grains fins, avait une température de $-6°C$, une dureté de poing et était âgée d'un jour. La neige testée à 180 kg/m^3 était composée de grains fins d'environ 1 mm de diamètre, avait une température de $-14°C$, une dureté de 1 doigt et était âgée de 2 jours. La neige testée à 220 kg/m3 était composée de grains fins, avait une température de $-2°C$, une dureté de 1 doigt et était âgée d'un jour

d (kg.m^{-3})	120	150	180	220
η	0.3	0.2	0.45	0.5
ξ	1.6	1.4	1.9	2

Tableau 2 : valeur de l'exposant fractal pour types des neiges de différentes densités

Nous avons vu dans la première partie que la neige avait une répartition de masse fractale dans l'espace. Cette propriété s'atténue lorsque la densité augmente (homogénéisation de la neige). Ici, il en est de même, puisque le réseau de force semble être fractal pour des neiges de faibles densités et homogène pour des densités supérieures à 200 kg/m^3.

Cette interprétation demanderait à être confirmée car, comme nous l'avons vu dans la partie consacrée aux propriétés fractale de la neige (*cf. Partie 1.1.4.2*), nos résultats ne couvrent malheureusement qu'un ordre de grandeur !

4.4. Conclusions

Une dépendance inattendue entre la ténacité et le porte-à-faux a été mise en évidence, représenté par une nappe en $D^{1.61} \rho^{1.5}$ dans l'espace (K_{IC}, D, ρ). Différentes causes possibles ont été envisagées et explorées par des modélisations aux Eléments Distincts. La fractalité induite par la répartition spatiale des chaînons de force pourrait être responsable de ce comportement inhabituel. La relation exacte entre la fractalité du réseau de forces et l'aspect fractal de la répartition masse dans l'espace reste encore à être élucidée.

Pour cela, il faudrait effectuer des modélisations numériques aux Eléments Distincts en 3D dans lesquels la masse (donc les boules) serait géométriquement répartie de manière fractale. Ainsi, il pourrait être possible de valider notre approche fractale.

Partie 3. Approche statistique de la rupture dans le manteau neigeux

Le problème posé par les aléas naturels :

Bien des phénomènes catastrophiques naturels échappent encore à notre compréhension. Bien des techniques ont été employées pour modéliser ces phénomènes hautement *non linéaires*. Toutes ces techniques se basaient jusqu'à présent sur une approche déterministe de la modélisation. Par exemple, d'un point de vue mécanique, les ruptures dans les géomatériaux (séismes, glissements de terrain, chutes de blocs rocheux) ont été très étudiées d'un point de vue théorique et expérimental : En fait, on a tenté d'adapter les concepts de rupture trouvés sur les matériaux homogènes. Or, la particularité des matériaux naturels tels que la terre ou la neige est qu'ils sont très hétérogènes. De plus, la description spatiale précise de leurs propriétés mécaniques est très difficile : on se rend intuitivement bien compte qu'il sera, par exemple, impossible de décrire parfaitement et précisément les propriétés du manteau neigeux ou des premiers kilomètres de la croûte terrestre.

Ces hétérogénéités mécaniques vont avoir un rôle prépondérant sur les mécanismes menant à la rupture globale du géomatériau. Le traitement et la prise en compte de telles structures faibles vont donc être très difficiles d'un point de vue déterministe.

Vers une loi générale ?

En fait, la communauté scientifique s'est aperçue, il y a peu, qu'une multitude de phénomènes naturels très différents pouvaient être décrits par une même loi statistique. Plus généralement, cette loi, de type loi puissance, semble être vérifiée, à partir du moment où plusieurs entités, de comportement individuel simple, entrent en interaction. On s'aperçoit notamment que les bouchons formés par les automobiles sur les routes obéissent à la même loi statistique que, par exemple, les séismes ! Tout système ayant une statistique obéissant à une telle loi (loi puissance) signifie que ce phénomène est invariant d'échelle (*cf. Figure 5*), c'est-à-dire qu'il n'a pas d'échelle caractéristique.

Nous allons montrer, dans un premier temps, que les avalanches de neige n'échappent pas à la règle, tant au niveau des hauteurs de plaques que de leurs largeurs. Devant cette première constatation, nous tenterons de voir quels concepts théoriques pourraient expliquer les invariances d'échelle constatées. Nous verrons ensuite, au chapitre 7, que plusieurs modèles conceptuels semblent pouvoir expliquer de tels phénomènes invariants d'échelle. Ces modèles (de type automate cellulaire) ont notamment été appliqués aux glissements de terrain (modèle du tas de sable de Bak), aux séismes (modèle de patin glissant de Burridge-Knopoff), aux feux de forêt...

Malheureusement, nous verrons qu'aucun d'entre eux n'est capable de reproduire les statistiques de nos données de terrain (exposants des lois puissance différents). Nous avons donc créé notre propre modèle (du type automate cellulaire) pour tenter d'expliquer et comprendre l'invariance d'échelle des surfaces de zones de départ de plaque (*cf. chapitre 8*).

Figure 5 : L'invariance d'échelle (d'après document Université Charles (Prague))

Chapitre 5 Les données

5.1. Description des bases de données

Afin d'étudier les propriétés statistiques des avalanches de plaque, nous avons demandé aux stations de ski de Tignes et La Plagne de mettre à disposition leurs bases de données. Ces bases de données ont initialement été créées pour gérer les stocks d'explosifs nécessaires au déclenchement d'avalanche, donc à la sécurisation du domaine skiable. Un logiciel a été spécialement conçu pour faciliter l'exploitation des données : Chaque jour, les pisteurs de la station de ski font un tour du domaine et consigne toutes les informations relatives aux avalanches déclenchées sur le domaine. Ainsi, ils notent :

- La date et l'heure du déclenchement,
- Le couloir dans lequel l'avalanche s'est déclenchée,
- Le mode de déclenchement (artificiel, naturel, accidentel),
- L'état de la pente (purgée, partiellement purgée, non purgée),
- La largeur de la plaque,
- La hauteur de la plaque (la hauteur de la « marche »),
- La localisation de la zone de déclenchement (haut de la pente, bas, milieu),
- La localisation de la zone d'arrêt,
- Si l'avalanche est déclenchée artificiellement,
- Le moyen de déclenchement (grenade à main, gazex, catex,…),
- Le nombre de charges utilisées,
- Le poids des charges utilisées pour chaque tir,
- Le poids total des charges utilisées pour le déclenchement de l'avalanche.

5.1.1 La Plagne

Le domaine de La Plagne est l'un des domaines skiables les plus vastes du monde couvrant 100 km² offrant 225 km de pistes de ski. La Plagne est située sur un massif cristallin a une altitude variant de 1250 à 3250m. Le vent dominant est orienté à l'ouest. Les pentes et couloirs dans lesquelles se déclenchent les avalanches en hiver ne sont pas boisées, et l'herbe n'est pas broutée par le bétail en été.

La base de données à notre disposition couvre une période de 4 hivers (1998-2002). L'enneigement moyen cumulé par hiver est proche de 7m.

Ce catalogue compte environ **4500 événements** répertoriés divisés en **3450** avalanches **artificiellement** déclenchées, **275** avalanches **naturelles** et **185** avalanches **accidentellement** déclenchement (skieurs, snowboarders, randonneurs,...).

Les largeurs de plaques répertoriées varient entre 10m et 500m et les hauteurs de plaques varient entre 10cm et 5m.

Vu que ces données sont appréciées par les pisteurs des stations, la précision est de l'ordre de ±5cm pour les hauteurs de plaques et ±5m pour les largeurs.

5.1.2   Tignes

La station de Tignes est située à environ 40 km à l'est de La Plagne, dans le même massif montagneux. Tignes est donc soumis approximativement au même régime climatique que La Plagne.

La base de données de Tignes couvre 3 hivers (1999-2002) et compte **1452 événements** répertoriés répartis en **1445** avalanches **artificiellement** déclenchées, 3 naturelles et 4 accidentelles.

Le domaine skiable couvre une altitude de 1550 à 3650m et propose 150km de piste de ski. Les données sont recueillies de la même façon qu'à La Plagne. Les hauteurs de plaques varient de 5 à 250cm et les largeurs de plaques varient de 1 à 950m. Les précisions de ces mesures sont, comme pour La Plagne de l'ordre de ±5cm pour les hauteurs de plaques et ±5m pour les largeurs.

5.1.3   Les techniques de mesures de la hauteur et de la largeur de plaque

Pour ces deux catalogues, l'échantillonnage temporel est déterminé par la visite quotidienne des pisteurs. Ainsi, les petites avalanches qui se sont produites après le passage des pisteurs ne sont pas tout le temps décelées et donc comptées. Le problème de visualisation des petites avalanches est aussi accentué par le mauvais temps qui réduit la visibilité, alors que malheureusement l'activité avalancheuse augmente.

Ce problème de sous-représentation des petites avalanches est encore plus fort pour les avalanches naturelles, car les pisteurs ne sont pas systématiquement présent à l'endroit où l'avalanche se déclenche (pas forcement près du domaine skiable).

Il faut noter que ces mesures de hauteur et largeur de plaque sont des estimations faites par les pisteurs. Les valeurs entières seront donc privilégiées du fait de « l'arrondi » humain. Nous verrons notamment que les avalanches de 100m, 200m 300m de large seront sur-représentées.

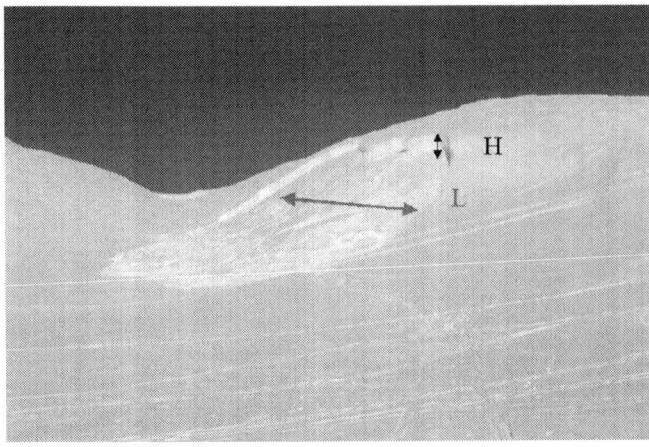

Figure 5.1 : Définition de la hauteur et de la largeur d'une avalanche de plaque. (Photo Michel Caplain)

Nous supposerons que la hauteur et la largeur des plaques (*cf. Figure 5.1*) sont les variables représentatives de la rupture dans le manteau neigeux. Ces variables vont donc être utilisées pour caractériser la taille d'une avalanche de plaque.

5.2. Méthodes d'analyse statistique

5.2.1 La représentation cumulée

Les objets à analyser sont triés par taille puis comptés. La représentation cumulée indique le nombre d'objet de taille supérieure à une taille P(s) donnée en fonction de cette taille s. Si la distribution cumulée de tailles suit une loi puissance sur une gamme de taille raisonnablement grande (au moins 2 ordres de grandeur), alors la distribution est invariante d'échelle et la pente de la droite est l'exposant de la loi puissance.

Les pièges de la représentation cumulée :

Pour les distributions en loi puissance, la représentation cumulée devrait suivre une droite sur un diagramme bi logarithmique. Or, dans ce type de représentation, on note généralement une forte déviation pour les objets de grande taille. Cette déviation est d'autant plus marquée que la taille maximale des objets est faible (*cf. Figure 5.2*). L'utilisation d'une représentation en cumulé peut ne plus être représentative des événements les plus grands. Du fait de l'opération de cumule de données, l'addition d'un objet de taille *s* va affecter la distribution *P(s')* pour toutes les tailles *s'< s*. Dans la distribution cumulée, les valeurs de *P(s)* pour différentes valeurs de *s* ne sont donc pas *indépendantes*.

Par contre, si la distribution cumulée est courbée vers les grands événements, cela ne veut pas forcément dire que la distribution n'est pas invariante d'échelle. Il faut pour cela utiliser une représentation dite non-cumulée.

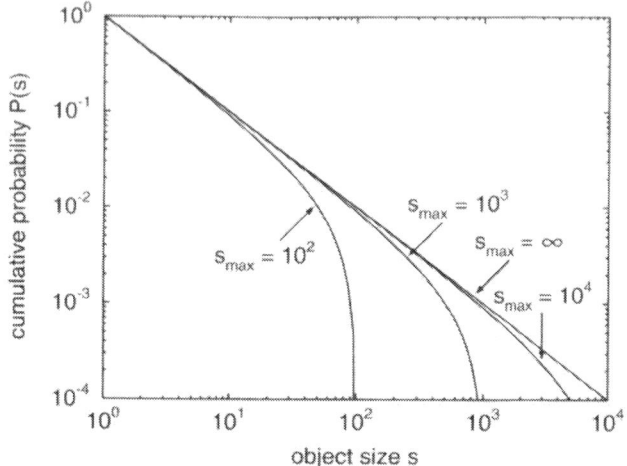

Figure 5.2 : Illustration de l'influence de la taille maximale des objets en distribution cumulée avec b=1 et s_{min}=1. (d'après Hergarten, 2002)

5.2.2   La représentation non-cumulée

Lorsqu'on estime une distribution de taille cumulée *P(s)* à partir d'un catalogue donné, on considère le nombre d'objets d'une taille *s* ou supérieure. Or, en distribution cumulée, les nombres d'objets *P(s)* ne sont pas indépendants les uns des autres (*cf. Figure 5.2*). Pour palier à ce problème, il faut subdiviser la gamme de taille des objets (smax-smin) en un nombre d'intervalles et compter les objets appartenant à chacun de ces intervalles.

De cette façon, les déviations observées en représentation cumulée sont moins sévères et le domaine d'étude se fera sur une plus grande plage de données (*cf. Figure 5.3*). Il faudra toutefois se méfier de l'influence de la taille des intervalles considérés (*cf. 8.3*)

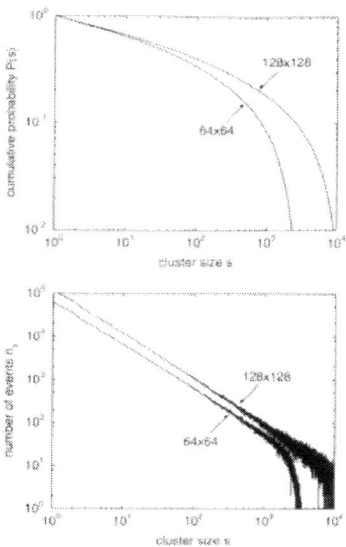

Figure 5.3 : Comparaison d'une même série d'événements représentée en distribution cumulée (en haut) et non-cumulée (en bas). La distribution non-cumulée est plus fiable pour les petits événements.

Les pièges de la représentation non-cumulée :

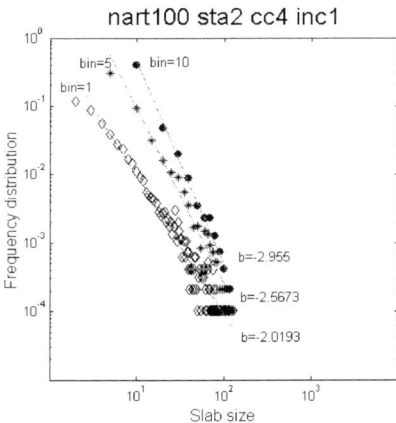

Figure 5.4 : Effet de la taille des classes choisie sur l'exposant obtenu (3 tailles de classes : 1, 5 et 10).

La définition générale d'une distribution en loi puissance d'une propriété arbitraire s est :

$P(s) \sim s^{-b}$ Où P est la probabilité cumulée

La probabilité ne doit pas excéder 1. C'est pourquoi la distribution en loi puissance ne peut être valide qu'à partir d'une taille minimale d'objet. Cette distribution doit donc être remplacée par la distribution de Pareto :

$$P(s) = \begin{cases} \left(\dfrac{s}{s_{\min}}\right)^{-b} & si \ \ s > s_{\min} \\ 1 & si \ \ s < s_{\min} \end{cases}$$

Pour retrouver la densité de probabilité p, il faut dériver P par rapport à s :

$$p(s) = -\frac{\partial}{\partial s} P(s) = \begin{cases} b \, s_{\min}^{b} \, s^{-(b+1)} & si \ \ s > s_{\min} \\ 0 & si \ \ s < s_{\min} \end{cases}$$

Donc, idéalement, la représentation non-cumulée devrait donner un exposant égal à b+1. Ceci est vérifié si l'intervalle d'intégration (i.e. la taille des classes) est suffisamment faible ; sinon l'exposant fluctue (*cf. Figure 5.4*).

5.3. Analyse statistiques des ruptures dans le manteau neigeux

Nous avons vu que nous avions à notre disposition trois types d'avalanches : les avalanches artificielles, naturelles et accidentelles.

Ce sont, de loin, les avalanches artificielles qui sont les plus représentées. L'analyse statistique sera donc plus fiable pour ce type d'avalanches.

5.3.1 Les avalanches déclenchées artificiellement

5.3.1.1 *Corrélation entre hauteur et largeur de plaque*

Il est intéressant de constater qu'en première approximation la contrainte de cisaillement dans le plan basal croit avec la profondeur, tandis que la contrainte moyenne de traction est indépendante de la profondeur dans la coupe perpendiculaire au manteau neigeux. En effet, la contrainte moyenne de traction est égale à la force de traction s'exerçant sur la plaque (proportionnelle à la profondeur) divisée par la section perpendiculaire aussi proportionnelle à la profondeur. Comme la hauteur de plaque H est seulement déterminée par la profondeur du défaut qui fut le premier instable, la largeur L finale de la plaque ne doit pas dépendre de H. En d'autres termes, H et L ne devraient pas être corrélés. Vérifions, à l'aide de nos données de terrain, si nous observons bien une décorrélation entre H et L. (cf. Figure 5.5 et Figure 5.6)

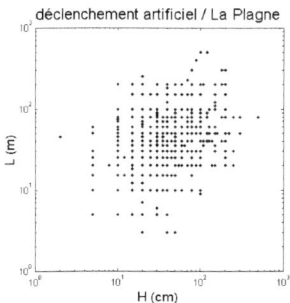

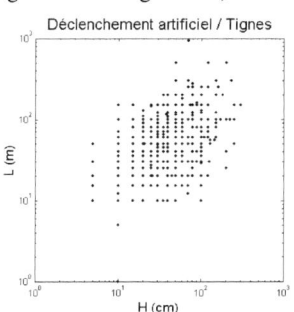

Figure 5.5 : Représentation sur un diagramme bi-logarithmique des hauteurs de plaque en fonction de leurs largeurs pour le domaine de La Plagne. Chaque point représente 1 ou plusieurs avalanches. (3450 événements)

Figure 5.6: Représentation sur un diagramme bi-logarithmique des hauteurs de plaque en fonction de leurs largeurs pour le domaine de La Plagne. Chaque point représente 1 ou plusieurs avalanches. (1445 événements)

La dispersion dans la Figure 5.5 et la Figure 5.6 montrent qu'aucune corrélation apparente ne semble lier les hauteurs de plaque à leurs largeurs.

Nous avons fait le calcul du coefficient de corrélation en utilisant la « covariance renormalisée »[38]. Ce coefficient est égal à 1 ou −1 si les deux séries sont parfaitement corrélées et 0 si aucune corrélation n'existe. Nous trouvons, pour La Plagne un coefficient de 0.0141 et 0.0145 pour Tignes, prouvant ainsi l'indépendance entre les hauteurs et les largeurs de plaque.

5.3.1.2   *Analyse statistique des hauteurs de plaques*

Nous allons, dans cette partie, analyser les données en représentant les distributions cumulées des hauteurs de plaque : pour cela, on compte le nombre d'avalanche ayant une hauteur de plaque supérieure à une hauteur donnée, et ce, pour toutes les hauteurs de plaque disponibles dans nos catalogues.

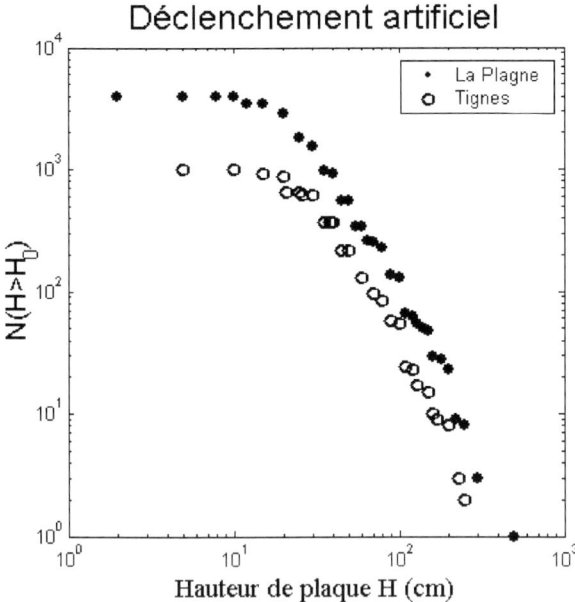

Figure 5.7 : Distribution cumulée des hauteurs de plaques pour La Plagne et Tignes représenté sur un diagramme bi-logarithmique.

---

[38] Covariance renormalisée de deux séries x et y : $\dfrac{\Delta(x).\Delta(y)}{\sqrt{\Delta(x^2)}\sqrt{\Delta(y^2)}}$

avec $\Delta(x^2)=\dfrac{1}{N-1}\sum\left[\left(x_i-\langle x\rangle\right)^2\right]$ et $\Delta(x).\Delta(y)=\dfrac{1}{N}\sum\left[\left(x_i-\langle x\rangle\right)\left(y_i-\langle y\rangle\right)\right]$ où < > signifie la moyenne.

Partie 3. Approche statistique de la rupture dans le manteau neigeux

La répartition statistique des hauteurs de plaques ne semble pas être aléatoire. Cette distribution semble suivre **une loi puissance** (sur environ 1.5 ordres de grandeur) pour les hauteurs de plaque supérieures à environ 30 cm. Il faut préciser qu'en représentation cumulée, un plateau (ici pour des H inférieures à 10 cm) signifie qu'aucun événement ne s'est produit.

L'exposant de la loi puissance peut être déterminé de 2 façons différentes :

soit on effectue une régression linéaire dans laquelle tous les couples (N, H) sont considérés. L'exposant trouvé est l'exposant qui minimise les erreurs.

Soit on utilise le test de « maximum likelihood » de Aki (1980) qui s'exprime, dans le cas d'une distribution en loi puissance par :

$$b = \frac{1}{\ln(10)\left(\langle \ln(H) \rangle - \ln(H_0)\right)}$$

Équation 5.1

où b est l'exposant de la loi puissance, H_0 est la valeur du cutoff (taille minimale considérée) et <> signifie la moyenne.

L'utilisation de la méthode de régression linéaire ne considère que les couples (*N, H*) (où *N* est le nombre cumulé et *H* la taille) et estime la meilleur valeur de l'exposant qui minimise les erreurs. Cette méthode donnera le même "poids" à tous les couple (*N, H*) ce qui a tendance à favoriser les grandes avalanches par rapport aux petites (qui sont plus nombreuses). La méthode de maximum likelihood, elle, semble fournir de meilleures estimations de l'exposant puisque toutes les avalanches ont le même poids du fait de la moyenne dans l'expression *5.1* (on considère *N* fois les avalanches de taille *H*).

Les exposants trouvés ont été testés de manière statistique pour voir si le nombre de données (qui reste fini) a une influence sur la pente obtenue. Pour cela, nous avons calculé, à l'aide de la méthode du maximum likelihood, l'exposant de la loi puissance pour un cutoff donné. Puis, nous avons tiré au hasard dans la loi puissance obtenue le même nombre d'avalanche que nos données. Nous avons réitéré cette procédure 100 fois et tracé chaque résultat en gris clair. Si la loi puissance (avec l'exposant trouvé) est valide, la courbe correspondant aux données doit être située dans le domaine formé de tous les tests statistiques.

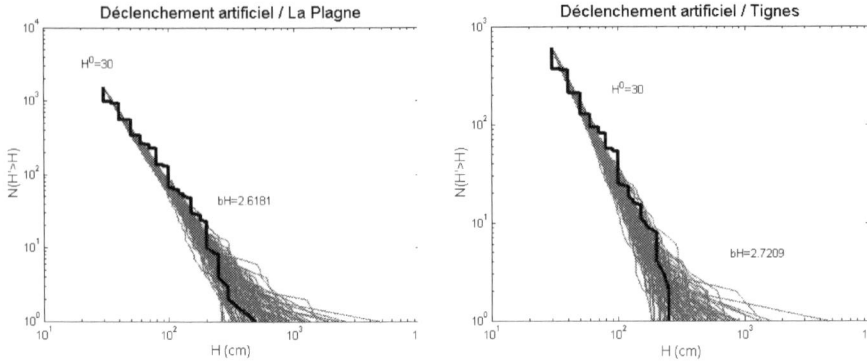

Figure 5.8 : test statistique effectué sur nos données de La Plagne et Tignes. On calcule l'exposant à l'aide du maximum likelihood pour un cutoff inférieur égal à H°=30 cm. On tire ensuite, dans la loi puissance ainsi obtenue, le même nombre d'événements que dans nos données. On trace les résultats en gris. On réitère 100 fois cette procédure. Si la courbe expérimentale reste dans l'éventail gris, cela indique qu'il n'y a pas d'effet de taille finie. On peut donc rejeter un changement de comportement pour les grandes tailles.

Les comportements statistiques des hauteurs de plaques de La Plagne et Tignes sont donc relativement proches, fournissant un exposant b autour de 2.7.

Des études menées à Mammoth mountain (Rosenthal et Elder, 2002), bien que soumis à des conditions climatiques très différentes, donne des résultats similaires (b=2.6). Ceci suggère qu'une sorte d'universalité dans la valeur de cet exposant existerait. Des raisons générales pourraient être à l'origine de cette valeur caractéristique.

La hauteur H de la plaque est définie à la fois par la résistance au cisaillement et par la contrainte de cisaillement appliquée dans la plaque. L'invariance d'échelle observée pourrait donc refléter l'invariance d'échelle sur une telle combinaison entre résistance admissible au cisaillement et contrainte de cisaillement appliquée. En prenant une densité constante à travers la plaque, cela suggère une invariance d'échelle des résistances au cisaillement des couches de neige, indépendante de la profondeur. Cependant, une telle interprétation suppose implicitement que chaque couche de neige a des propriétés uniformes dans l'espace, ce qui n'est pas confirmé par les mesures de terrains (Birkeland et al.1995).

Une autre possibilité pourrait être que chaque couche est susceptible de contenir des zones aux propriétés mécaniques relativement bonnes et d'autres médiocres. Comme les contraintes en cisaillement augmentent avec la profondeur considérée, la taille critique de la fissure est plus petite pour des couches épaisses que pour des couches fines. En supposant que la distribution des tailles de ces zones « dures » et « fragiles » est invariante d'échelle, toutes les couches seraient susceptibles de trouver un défaut de taille critique, et la hauteur de la plaque devrait refléter la possible invariance d'échelle des épaisseurs des couches du manteau neigeux. Cette explication possible semble contredire des travaux récents sur la distribution des hauteurs de neige tombée, qui serait mieux évaluée par une distribution exponentielle qu'une distribution en loi puissance (Rosenthal et Elder, 2002).

Finalement, il faut remarquer que les petites valeurs de H sont plus fréquentes que les grandes car la neige disponible varie durant la saison. En début d'hiver, seules des plaques peu épaisses peuvent se déclencher, tandis qu'à partir du milieu de saison, un déclenchement de plaque de toute épaisseur peut se produire. Une autre explication, pour les déclenchements artificiels, vient du fait que les pisteurs déclenchent les avalanches de façon préventive dès que 20 cm de neige fraîche sont tombés. Cet argument montre pourquoi la distribution des H a une pente négative mais cela ne veut pas dire que cette distribution obéit à une loi puissance.

La question de l'origine de l'invariance d'échelle des hauteurs de plaques est donc encore ouverte.

5.3.1.3   *Analyse statistique des largeurs de plaque*

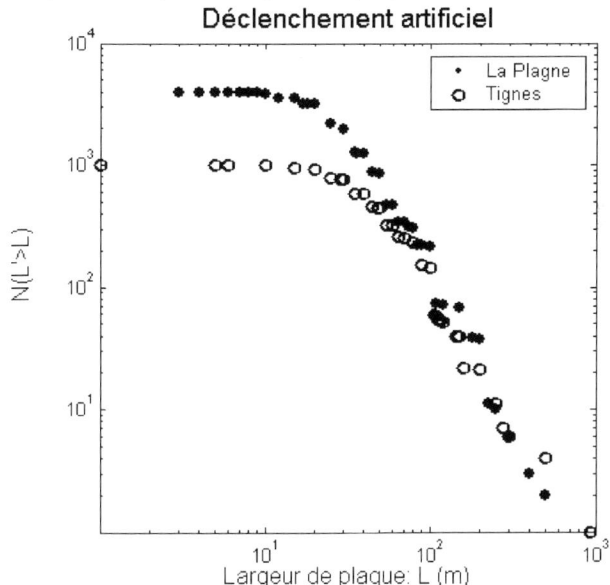

Figure 5.9 : Distribution cumulée des largeurs de plaque pour La Plagne et Tignes

Les largeurs de plaques semblent elles aussi avoir un comportement statistique de type loi puissance sur environ 1.5 ordres de grandeur.

Nous avons effectué la même analyse que pour les hauteurs de plaques. Dans ce cas, les valeurs des exposants semblent être plus sensibles à la valeur du cutoff que les hauteurs de plaques. Comme pour les hauteurs de plaques, on constate que la distribution est invariante d'échelle au-dessus d'une taille inférieure (cutoff inférieur) de l'ordre de 30 m. Les essais statistiques montrent que, vraisemblablement, la distribution n'a pas de cutoff supérieur (nos données expérimentales restent dans l'éventail créé par les tirages statistiques). Pourtant, on aurait pu penser à l'existence d'un cutoff supérieur car la largeur des couloirs impose une largeur maximale de plaque.

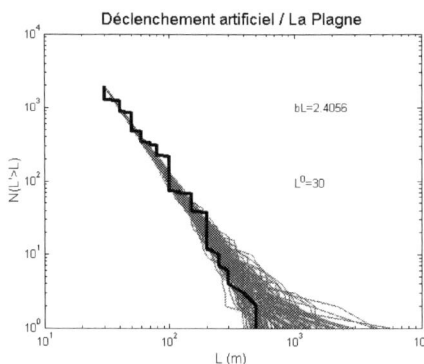
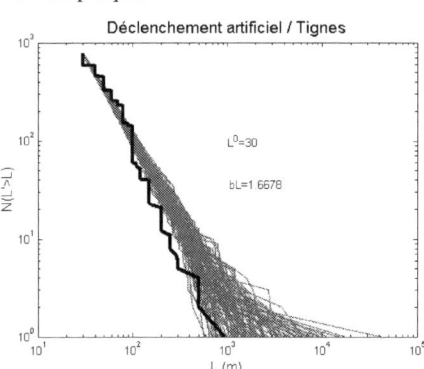

Figure 5.10 : Distribution cumulée des largeurs de plaques. Test du maximum likelihood pour les avalanches artificielles de La Plagne.

Figure 5.11 : Distribution cumulée des largeurs de plaques (en noir) et test statistique (*cf. Figure 5.8*).avec l'exposant donné par la méthode du maximum likelihood.

Nous interpréterons ces résultats au 0.

Nous avons, jusqu'à présents, étudié les statistiques des avalanches déclenchées artificiellement. Ces données étaient de loin les plus nombreuses. Mais voyons maintenant le comportement des avalanches déclenchées naturelles (base de données comportant 274 événements).

5.3.2 Les avalanches naturelles

Sur nos deux bases de données, nous ne pouvons utiliser que les avalanches de La Plagne. En effet, Tignes n'a recensé que 3 avalanches naturelles sur leur domaine pendant la période 1999-2002. Une étude statistique ne peut donc pas être envisagée pour Tignes.

Le catalogue de La Plagne comporte 274 avalanches naturelles, ce qui est faible pour une analyse statistique précise. Nous avons néanmoins effectué la même analyse que pour les avalanches déclenchées artificiellement.

5.3.2.1 Hauteurs de plaque

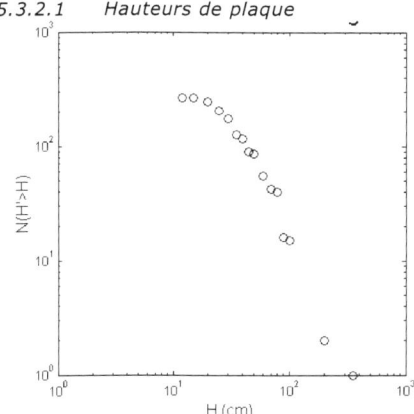

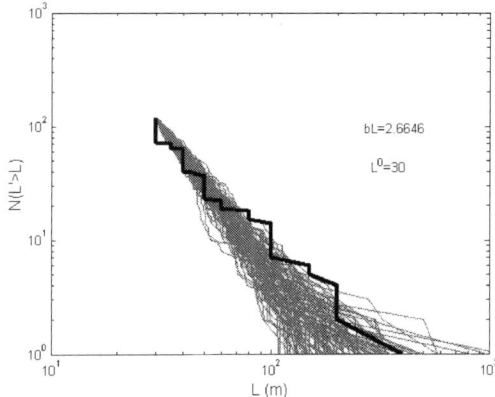

Figure 5.12 : Distribution cumulée des hauteurs de plaques pour les avalanches naturelles de La Plagne.

Figure 5.13 : Distribution cumulée des largeurs de plaques (en noir) et test statistique (*cf. Figure 5.8*).avec l'exposant donné par la méthode du maximum likelihood.

La distribution des hauteurs de plaques des avalanches naturelles semble elle aussi suivre un comportement de type loi puissance

L'exposant *b* semble, par contre, légèrement inférieur aux avalanches artificielles.

5.3.2.2 Largeur de plaque

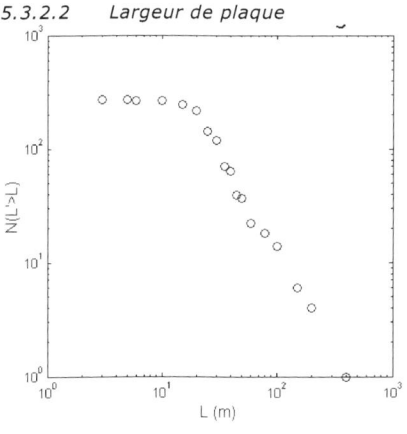

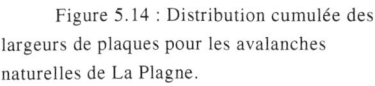

Figure 5.14 : Distribution cumulée des largeurs de plaques pour les avalanches naturelles de La Plagne.

Figure 5.15 : Distribution cumulée des largeurs de plaques (en noir) et test statistique (*cf. Figure 5.8*).avec l'exposant donné par la méthode du maximum likelihood.

Les largeurs de plaques déclenchées naturellement suivent elles aussi une loi puissance. Nous donnons, à titre de comparaison, les différentes valeurs des exposants *b* (en cumulé) trouvés en fonction de la taille de cutoff choisie (*cf. Tableau 3*).

Cutoff	La Plagne H	La Plagne L	Tignes H	Tignes L	La Plagne Naturel H	La Plagne Naturel L
10	1.1	0.97	0.89	0.69	0.81	1.02
20	2.25	1.90	1.75	1.16	1.54	2.25
30	2.62	2.40	2.63	1.65	2.14	2.66
40	2.90	2.66	2.80	1.95	2.48	2.51
50	2.79	3.15	2.92	2.33	3.15	2.23
60	2.57	2.51	2.62	2.4	3.19	1.75
70	2.74	2.50	2.81	2.70	3.90	1.84
80	3.60	3.32	3.51	3.53	7.39	2.43
90	2.86	3.34	3.12	3.09	4.54	2.43

Tableau 3 : Les différentes valeurs d'exposants *b*, trouvés à l'aide de la méthode du maximum likelihood, en fonction du cutoff choisi, pour les séries de données étudiées jusqu'à présent. Les erreurs sur les exposant sont de l'ordre de $b/\sqrt{N}$ soit de l'ordre soit de $2.5/\sqrt{4000}\approx0.04$ pour les avalanches artificielles de La Plagne et $2.5/\sqrt{274}\approx0.15$ pour les avalanches naturelles.

Le Tableau 3 semble montrer que les exposants des avalanches naturelles sont en général moins élevés que les exposants des avalanches artificielles. Pour savoir si le comportement est effectivement de ce type, nous avons tiré 274 événements au hasard dans la base de données des avalanches artificielles, puis calculé l'exposant correspondant à la distribution pour un cutoff de 50 cm (cm pour *H* et m pour *L*). Nous avons alors réitéré cette opération 10000 fois. De cette façon, il sera possible de savoir si le faible nombre d'avalanches naturelles peut avoir une influence sur les résultats obtenus.

	bL	bH
Valeur moyenne	-3.24	-2.89
Variance	0.32	0.31
Valeur minimum	-1.90	-1.37
Valeur maximum	-7.26	-6.16

Tableau 4 : Exposants des distributions de *L* et *H* pour 274 événements tirés dans la base de données des avalanches artificielles de La Plagne.

Le Tableau 4 indique donc que les exposants des avalanches naturelles sont significativement différents des avalanches artificielles, notamment pour les largeurs de plaque : la valeur moyenne obtenue est en effet plus grande lorsqu'on utilise le même nombre d'avalanches artificielles que d'avalanches naturelles.

Il semble donc que le mode de chargement puisse avoir une incidence sur le comportement statistique des tailles d'avalanche : pour une avalanche naturelle, le chargement est *global et statique* alors que pour une avalanche artificielle, le chargement est *local et dynamique*.

Une autre explication pourrait venir du fait que lorsqu'une avalanche est déclenchée artificiellement, le manteau neigeux était initialement « stable ». La charge explosive a pour effet de déclencher une plaque qui sera en général de plus petite taille que si le manteau est naturellement instable. Cet « excès » d'avalanches de petites tailles expliquerait donc l'augmentation l'exposant de la loi puissance trouvée.

5.3.2.3 Déclenchement accidentel

La base de données de Tignes ne comporte que 3 avalanches déclenchées accidentellement (au passage d'un skieur). Nous ne pourrons donc pas étudier les distributions statistiques des avalanches accidentelles de Tignes. Par contre, la base de données de La Plagne a 195 avalanches accidentelles. Comme pour les avalanches naturelles, le nombre restreint de données empêche une analyse statistique précise.

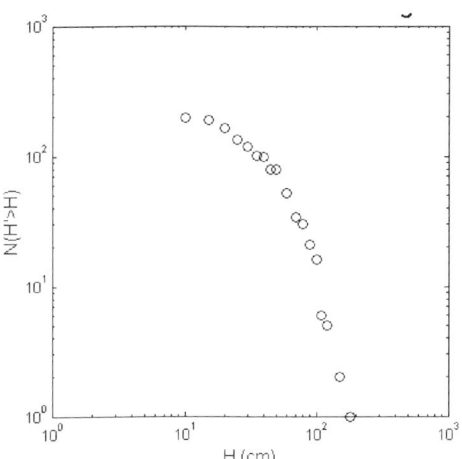
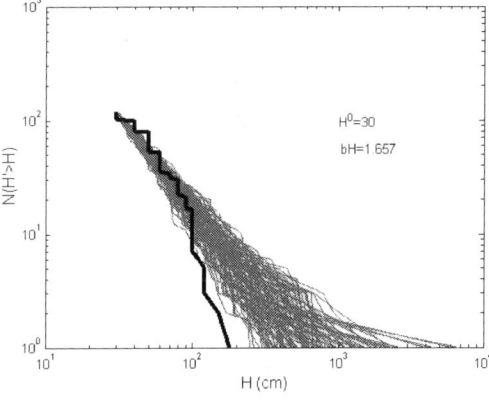

Figure 5.16 : Distribution cumulée des hauteurs de plaques pour les avalanches accidentelles de La Plagne.

Figure 5.17 : Distribution cumulée des largeurs de plaques (en noir) et test statistique (*cf. Figure 5.8*).avec l'exposant donné par la méthode du maximum likelihood.

On constate que les distributions des hauteurs de plaque déclenchées accidentellement ne semblent pas obéir à une loi puissance pour les grands événements. De plus, l'exposant trouvé pour une limite inférieure de 30 cm semble bien plus faible que pour les autres modes de déclenchement.

L'explication pourrait venir du fait que les skieurs, la prudence aidant, ne vont pas sur des pentes trop chargées. Cela expliquerait le déficit de grands événements (la distribution n'est plus située dans le domaine gris).

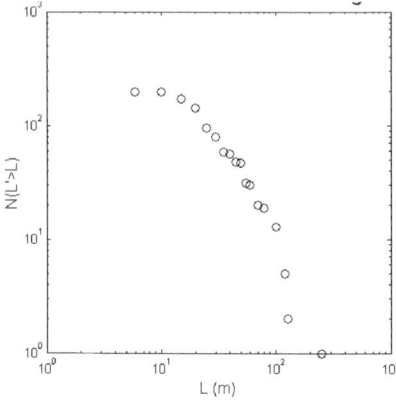
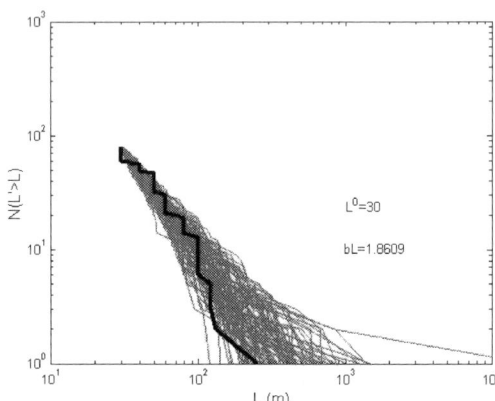

Figure 5.18 : Distribution cumulée des largeurs de plaques pour les avalanches accidentelles de La Plagne.

Figure 5.19 : Distribution cumulée des largeurs de plaques (en noir) et test statistique (*cf. Figure 5.8*).avec l'exposant donné par la méthode du maximum likelihood.

En ce qui concerne les largeurs de plaques déclenchées accidentellement, on constate une distribution en loi puissance. Ici encore, l'exposant de la loi puissance est plus faible que pour les autres modes de déclenchement. Par contre, la distribution est toujours compatible avec une loi puissance, même pour les grands événements.

Le manque de données empêche une analyse plus complète. Intuitivement, on peut penser que les avalanches naturelles et accidentelles ont un comportement similaire : En effet, le poids d'un skieur par rapport au poids total du manteau neigeux est très faible, le manteau neigeux ne doit donc pas être très différent entre le cas d'une avalanche accidentelle et une avalanche naturelle.

Il semble cependant que le mécanisme de déclenchement d'avalanches accidentelles est différent des déclenchements naturels ou artificiels. Ceci pourrait être expliqué par le fait que le skieur crée une fissure basale potentiellement instable lorsqu'il passe sur le manteau neigeux (comme expliqué par le modèle de Louchet, cf. p. 61), alors que dans le cas d'un déclenchement naturel, aucune fissure n'est propagée artificiellement (problème statique).

Voyons maintenant comment se comportent les volumes de neige mis en jeu :

5.4. Volumes de neige mobilisés lors du déclenchement d'une plaque

En faisant l'hypothèse que la surface de la zone de départ de la plaque est proportionnelle à L² (cf. Figure 5.1) et que la hauteur de neige est constante dans toute la plaque, il vient que le volume de neige déstabilisé dans la zone de départ est proportionnel à H.L².

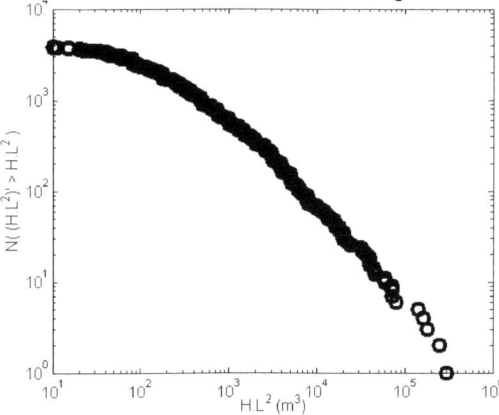

Figure 5.20 : Distribution cumulée des volumes de neige mis en mouvement dans les zones de départ pour les avalanches artificielles de La Plagne.

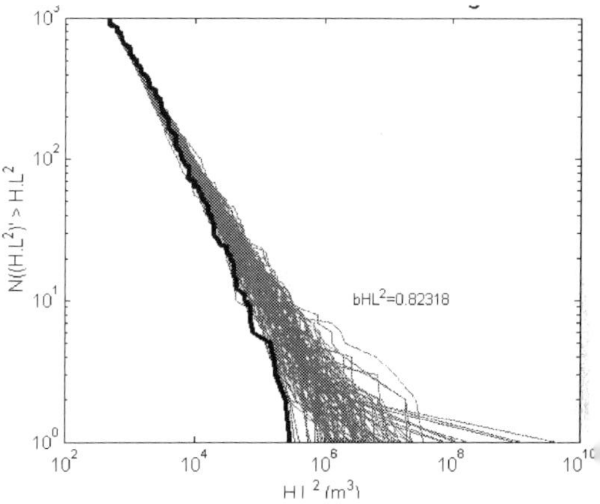

Figure 5.21 : Distribution cumulée des largeurs de plaques (en noir) et test statistique (*cf. Figure 5.8*).avec l'exposant donné par la méthode du maximum likelihood pour le volume des avalanches artificielles de La Plagne.

La Figure 5.20 montre une distribution en loi puissance plus « lisse » des volumes de neige mis en mouvement par la plaque sur 3 ordres de grandeur. Le test statistique montre un vraisemblable écart à la loi puissance pour les grands événements. Ceci pourrait être du à la taille finie du couloir dans laquelle l'avalanche est déclenchée ainsi qu'à la hauteur de neige finie du manteau neigeux...

Dans résultats équivalents sont obtenus pour la base de données de Tignes (*cf. Figure 5.22*)

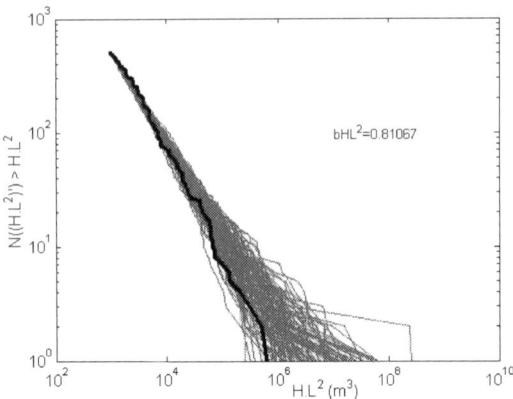

Figure 5.22 : Distribution cumulée des largeurs de plaques (en noir) et test statistique (*cf. Figure 5.8*).avec l'exposant donné par la méthode du maximum likelihood pour le volume des avalanches artificielles de Tignes.

Il reste encore à comprendre pourquoi les volumes de neige suivent une distribution en loi puissance avec un exposant critique de l'ordre de 0.8 aussi bien pour Tignes que pour La Plagne alors que les distributions des hauteurs et largeurs de plaque sont respectivement pour Tignes de 2.63 et 1.65 et pour La Plagne de 2.62 et 2.4.

5.5. Analyse temporelle

Nous avons tenté de voir comment l'exposant de la loi puissance variait en fonction du temps. Pour cela, nous avons défini une longueur de fenêtre (ici 100 événements). Dans cette fenêtre, nous avons calculé l'exposant de la loi puissance. Puis, nous décalons cette fenêtre de dL=10 événements, et le calcul de l'exposant est réitéré. Il nous est ainsi possible de visualiser l'évolution temporelle des exposants (de H et L). Nous montrons ici les résultats obtenus pour les avalanches artificielles de La Plagne.

Partie 3. Approche statistique de la rupture dans le manteau neigeux

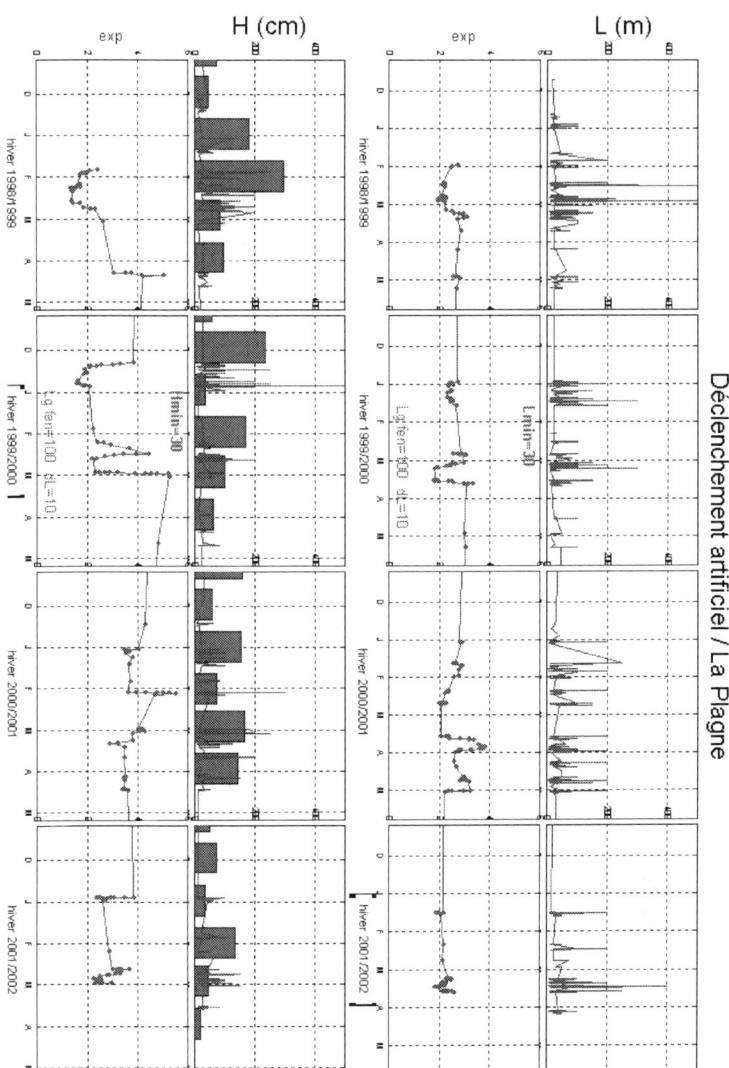

Figure 5.23 : Evolution temporelle de l'exposant des distributions en loi puissance pour les avalanches artificielles de La Plagne (la base de donnée la plus importante). Nous avons pris une fenêtre glissante de 100 événements. Les hauteurs cumulées de neiges tombées mensuellement sont représentées par des bâtons gris sur le graphique des hauteurs de plaques. Nous n'avons considéré que les événements de tailles supérieures à 30 m pour les largeurs de plaques et 30 cm pour les hauteurs de plaque.

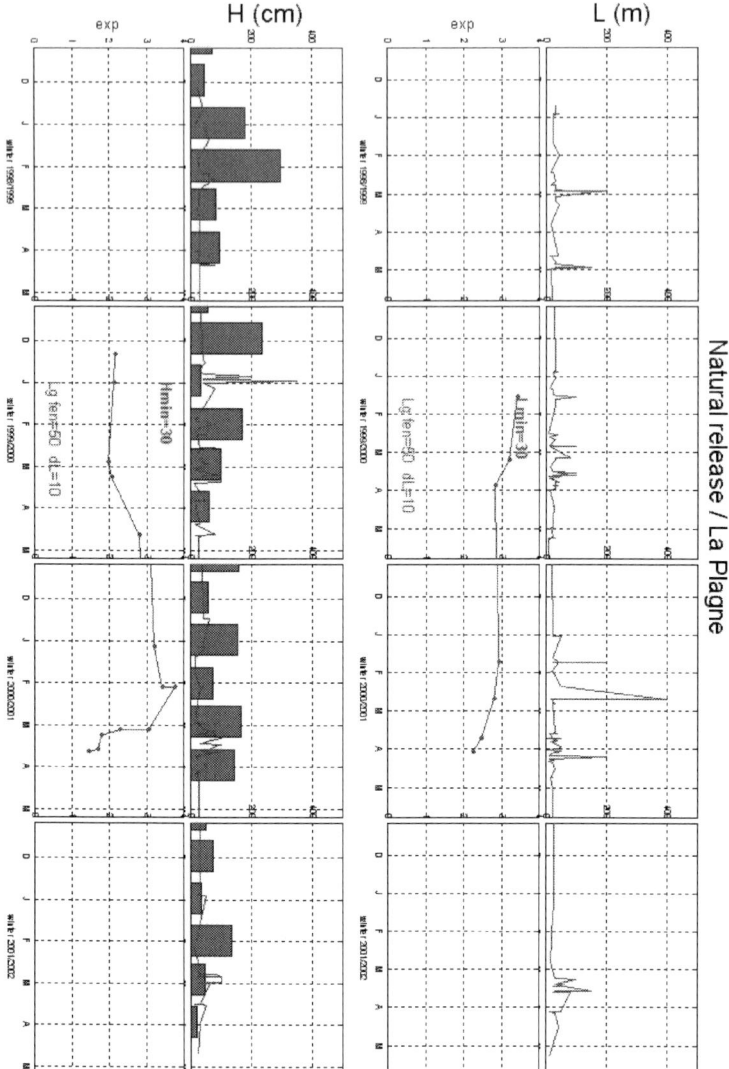

Figure 5.24 : même analyse pour les avalanches naturelles de La Plagne. Etant donné que le nombre d'événements est très inférieur, la taille de la fenêtre est de 50 événements.

La Figure 5.23 et la Figure 5.24 montrent une grande variabilité des exposants pour H et L tant pour les avalanches artificielles que naturelles. Une analyse plus poussée est nécessaire. Il semble que les exposants liés aux largeurs de plaque varient moins que ceux liés aux hauteurs de plaque.

La Figure 5.25 montre la même évolution au cours du temps de l'exposant pour les volumes de plaque. La valeur de cet exposant semble moins varier que pour les hauteurs et largeurs de plaque.

Il paraît notamment important de voir si l'intensité journalière des chutes de neige a une influence sur les tailles d'avalanches et si cela peut expliquer les fluctuations de ces exposants. Si un lien peut être trouvé, une prédiction temporelle d'occurrence d'avalanche pourrait être envisageable à l'échelle d'un massif. Malheureusement, ces données ne sont pas encore à notre disposition.

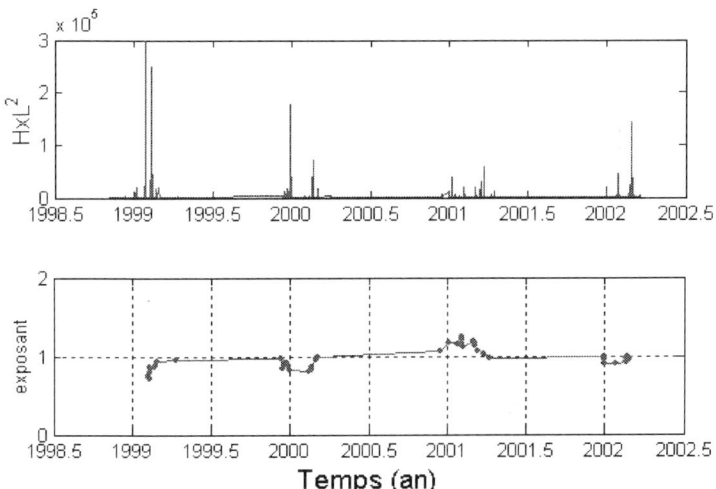

Figure 5.25 : Evolution temporelle de l'exposant lié aux volumes de neige mis en mouvement pour les avalanches artificielles de La Plagne.

5.6. Comparaison avec d'autres aléas naturels

Les avalanches sont des aléas naturels invariants d'échelle. Bien d'autres aléas le sont. A ce titre, il est intéressant de replacer les avalanches par rapport aux autres aléas naturels. Pour cela, il faut définir les exposants de la même manière pour tous les aléas. Nous utiliserons les exposants critiques de la distribution cumulée pour les surfaces des événements. Nous donnons les exposants ainsi que la gamme de variations pour les différents aléas naturels. Dans le cas des séismes, il est possible de relier l'énergie du tremblement de terre à la surface de faille qui a bougé. Pour les chutes de blocs rocheux, on considère la surface de la rupture visible sur la falaise. Quant aux glissements de terrain, la surface est déterminée à partir de photographie aérienne : c'est donc la surface totale du glissement de terrain qui est prise en compte (zone d'initiation et zone d'écoulement), à la différence des surfaces d'avalanches qui, elles, sont déterminées par la zone d'initiation. Les exposants donnés dans Tableau 5 ont été présentés par Hergarten lors de la conférence EGS/AGU de Nice 2003 (Geophysical Research. Abstracts, 5, 03511).

Aléas naturels	bC « typique » surface	gamme
Feux de forêt	0.4	0.3 → 0.5
Chutes de blocs	0.9	0.6 → 1.5
séismes	1	0.7 → 1.2
Avalanches artificielles	1.2 (cf. 8.3.1)	0.8 → 1.4
Glissements de terrain	1.3	0.7 → 2.3

Tableau 5 : exposants critiques attribués aux différents aléas naturels. Ce sont les exposants pour une distribution **cumulée** des **surfaces** des événements.

Il est aussi intéressant de noter que le comportement statistique des avalanches artificielles diffère des statistiques des avalanches naturelles, à la différence des glissements de terrain (pas de différence entre glissements provoqués par un séisme et glissements produits naturellement).

Il faut rester prudent sur la gamme des exposants donnés pour les avalanches. Nos données, sur deux massifs assez proches, ne couvrent malheureusement qu'un seul régime climatique. Des études sur d'autres bases de données (où les conditions climatiques sont différentes) pourraient aider à mieux caractériser les variations possibles des exposants pour les avalanches.

Toutes ces distributions en loi puissance indiquent que les hauteurs, largeurs et volumes de plaque sont invariants d'échelle. Reste maintenant à comprendre pourquoi les avalanches, comme bien d'autres aléas naturels, ont un tel comportement. Le prochain chapitre est consacré aux outils théoriques permettant d'expliquer de tels comportements. Nous verrons ensuite les différents modèles, appliqués à des aléas naturels, à notre disposition pour tenter de reproduire ces phénomènes invariants d'échelle.

Chapitre 6 Les outils théoriques de modélisation

6.1. Le formalisme des transitions de phases : Bases conceptuelles

Depuis une vingtaine d'années, un courant de recherche interdisciplinaire s'intéresse à l'émergence de structures et de comportements collectifs dans des systèmes composés d'un grand nombre d'entités. Le but de cette démarche est de comprendre comment des propriétés peuvent apparaître à une échelle donnée sans qu'elles aient été introduites à l'échelle inférieure. Ce domaine scientifique est baptisé étude de la complexité. Il est original au sens où il s'applique à de très nombreux domaines scientifiques apparemment très différents (tels que l'économie, la science de la terre, la biologie, les sciences sociales,...).

On observe de tels phénomènes collectifs dans la situation où le système est proche d'une transition de phase, et en particulier d'une transition critique. De manière générale, une transition de phase est le passage brutal d'un système d'un état plus ordonné à un état moins ordonné (ou inversement). Dans certains cas, ce passage peut se faire de façon discontinue et sans signe annonciateur au niveau macroscopique : on parlera de transition de phase du premier ordre. Dans d'autres cas, ce passage se fera de façon continue (mais toujours brutale, *cf. 6.3.2*). Il s'accompagne de phénomènes typiques au niveau macroscopique. En particulier, ces types de systèmes sont caractérisés par le fait que la distance de corrélation entre les différents éléments augmente et diverge à la transition de phase. Ceci a pour conséquence qu'une petite instabilité à un endroit d'un système peut entraîner aussi bien un événement mineur qu'un événement catastrophique. Ces transitions de phases continues sont appelées transitions critiques (ou transition du second ordre).

L'étude des systèmes proches d'une transition critique est de plus en plus employée car elle fournit un cadre théorique pour la description d'une multitude de phénomènes naturels : En effet, lors d'une transition critique, un système est particulièrement instable et répond de façon fortement non linéaire à toute perturbation extérieure. De plus, de tels systèmes appelés systèmes critiques (i.e. proche d'une transition critique) présentent un caractère invariant d'échelle, qui s'exprime par de nombreuses lois puissance dans les variables macroscopiques du système.

Ce caractère à la fois **instable, non linéaire et invariant d'échelle** se retrouve dans de nombreux objets naturels, sans qu'une interprétation générale et justificatrice ait jusque là été proposée.

Ce concept peut s'apparenter à celui du chaos déterministe, employé pour interpréter des phénomènes naturels non linéaires, notamment les phénomènes météorologiques.

Mais à la différence du chaos déterministe, le concept de transition critique permet non seulement d'interpréter non seulement la non-linéarité mais aussi, et c'est le plus important, **l'invariance d'échelle** des objets étudiés (ce que le chaos déterministe ne prédit pas naturellement).

Ce chapitre est largement inspiré de la thèse de Lahaie (2000) ainsi que, dans une moindre mesure, des travaux de Bak (1996), d'Hergarten (2002), de Turcotte (1997) et Sornette (2000).

6.2. L'étude de la complexité

6.2.1 Définition de la complexité

Dans le langage courant, complexe décrit vaguement quelque chose de difficile à comprendre ou à décrire.

« Une façon de voir la complexité d'un objet est de la définir comme la longueur de description de cet objet, ou plus exactement comme la longueur du plus court message possible décrivant cet objet. ». Gell-Mann (1995) 'appelle la « complexité brute ».

Prenons un exemple simple : la suite 011011011011011...011 peut être produite par un programme très court ordonnant d'imprimer 011 un certain nombre de fois. La complexité de cette suite sera donc faible. Par contre, une suite aléatoire de 0 ou 1, c'est-à-dire une suite sans aucune régularité, aura donc une complexité très élevée.

6.2.2 Les phénomènes d'émergence

L'étude de la complexité tente de comprendre comment des mécanismes sont susceptibles de générer à une certaine échelle (celle du système) des propriétés non présentes à l'échelle inférieure (celle des éléments). On dit alors qu'il s'agit de propriétés « émergentes ».

Exemple de phénomènes d'émergence :

- Somme de variables aléatoires
- Agrégation par diffusion limitée
- Chaos
- Criticalité

Le chaos n'est pas la complexité :

On sait depuis un certain temps que des systèmes ayant un faible nombre de degré de liberté pouvaient présenter des comportements chaotiques. Autrement dit, on ne peut prédire leur comportement ultérieur, quelle que soit la précision avec laquelle on connaît leur état initial, et cela, même en connaissant parfaitement les équations qui régissent leur mouvement. Feigenbaum révolutionna l'étude du chaos et proposa une théorie qui nous enseigne comment des systèmes simples peuvent avoir des comportements imprévisibles. Or les signaux chaotiques possèdent un spectre de bruit blanc (complètement aléatoire), et non un spectre invariant d'échelle. D'après Bak, « on pourrait dire que le chaos est un générateur de bruit blanc sophistiqué ». Les systèmes chaotiques n'ont pas de mémoire et ne peuvent évoluer. Cependant, juste au point « critique » où s'effectue la transition vers le chaos, on peut constater un comportement complexe. L'état complexe se situe à la frontière entre comportement périodique prévisible et chaos imprévisible. Mais cette complexité n'est pas robuste car elle apparaît pour des conditions très particulières. Les systèmes chaotiques simples ne peuvent pas non plus produire des structures fractales.

La théorie du chaos ne peut expliquer la complexité.

6.3. Transition de phase

6.3.1 Définition générale

Une transition de phase désigne le passage brutal d'un système d'un état macroscopique plus ordonné à un état macroscopique moins ordonné (ou inversement).

Ce changement d'ordre peut être lié :

à l'organisation spatiale des éléments. Par exemple, l'organisation des molécules dans une substance lorsque celle ci passe de l'état liquide à l'état solide cristallin.

aux propriétés des éléments. Par exemple, l'orientation des spins atomiques dans un matériau, au passage de la phase paramagnétique à la phase ferromagnétique.

Dans tous les cas, ce changement d'ordre implique une augmentation ou une diminution du nombre de micro-états possibles du système, c'est-à-dire un changement d'entropie.

Pour caractériser une transition de phase, il faut, dans un premier temps, définir et identifier un paramètre d'ordre. On appelle paramètre d'ordre toute quantité macroscopique qui est nulle dans la phase « désordonnée » et non nulle dans la phase « ordonnée ». Il n'existe pas de méthode générale pour définir un **paramètre d'ordre**. Chaque système doit être considéré individuellement.

Une transition de phase est obtenue en agissant sur une ou plusieurs variables que l'on appelle **paramètres de contrôle**. Il s'agit de variables thermodynamiques intensives qui jouent sur l'équilibre ou l'évolution du système sans être influencées en retour. Un paramètre de contrôle exprime en général l'influence d'un facteur extérieur (tel que la température, la pression extérieure,...)

Une autre notion importante dans l'étude des transitions de phase est la notion de **distance de corrélation**. Cette notion correspond à la distance maximale d'influence entre les éléments.

Enfin, une dernière quantité importante est la **susceptibilité**, aussi appelé fonction de réponse. Elle mesure la réponse macroscopique du système en termes de variation du paramètre d'ordre, lorsqu'on modifie de façon infinitésimale un de ses paramètres de contrôle.

6.3.2   Caractérisation et classification des transitions de phases

Pour caractériser une transition de phase, il faudra, dans un premier temps identifier les valeurs des paramètres de contrôle, définir le paramètre d'ordre et étudier le comportement des variables macroscopiques du système au voisinage de la transition de phase.

On distingue deux types de transition de phases (cf. Figure 6.1) :

Transition de phase du premier ordre, ayant comme caractéristique :

- *Discontinuité du paramètre d'ordre*. Par contre, ses dérivées de part et d'autre de la transition restent finies
- Une production de chaleur latente, liée à une discontinuité de l'entropie.
- Toutes les *variables macroscopiques restent finies*.
- Des *phénomènes d'hystérésis*.

Transition critique (ou transition du second ordre) :

- *Continuité du paramètre d'ordre*. Par contre, toutes ses dérivées divergent.
- Pas de production de chaleur latente (pas de saut d'entropie)
- Certaines variables *macroscopiques divergent* (telles que la distance de corrélation)
- De *nombreuses lois d'échelle*.

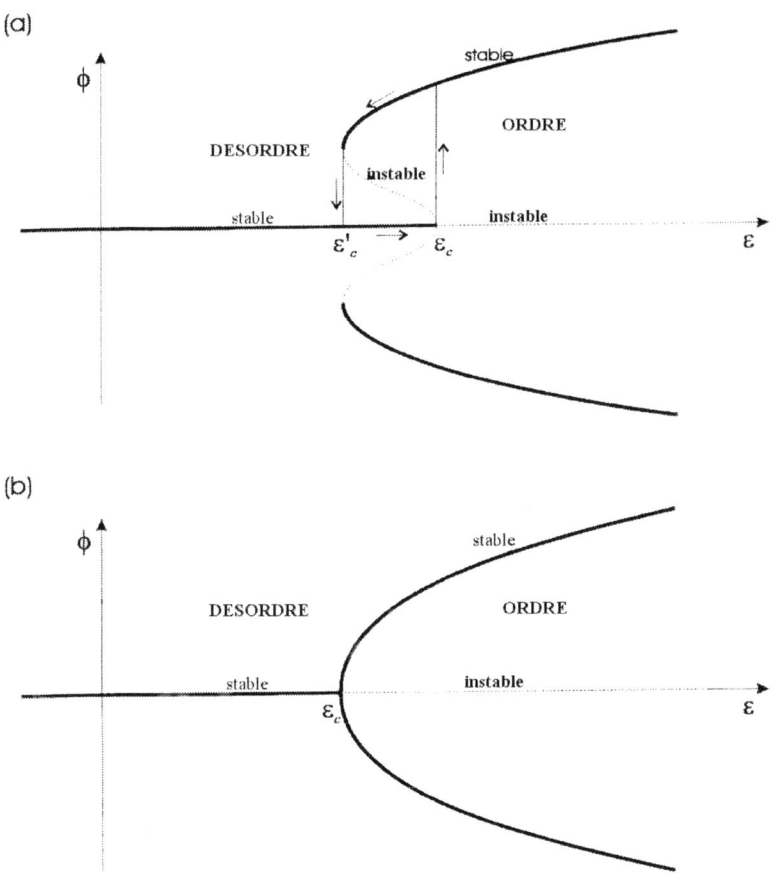

Figure 6.1 : Diagramme de phase typique d'une transition de phase du premier ordre (a) et d'une transition de phase critique (b). φ représente le paramètre d'ordre et ε représente le paramètre de contrôle. Les traits épais représentent les états d'équilibre stable et les traits pointillés les états d'équilibre instable. (D'après Lahaie, 2000)

6.4. Propriétés à l'équilibre des systèmes critiques

Les propriétés que nous allons maintenant décrire sont essentiellement des propriétés statiques.

6.4.1   Exemple expérimental : transition ferromagnétique (emprunté à Lahaie 2000)

Un certain nombre de matériaux dit « ferromagnétiques », ont la propriété de s'aimanter au-dessous d'une certaine température, connue sous le nom de « Température de Curie ».

Cette température est égale par exemple à 1044 K pour le fer. Ces propriétés ferromagnétiques résultent de propriétés quantiques dues au spin atomique, que l'on peut représenter par un vecteur. L'aimantation totale du matériau peut alors être vue comme la somme de tous ces vecteurs.

Au-dessus de la température de Curie, l'aimantation moyenne du matériau est nulle. Cette phase est dite « paramagnétique ». Si l'on applique un champ h, l'aimantation m est simplement proportionnelle au champ appliqué.

Lorsqu'on refroidit le matériau (avec un champ extérieur nul), l'aimantation m reste nulle en moyenne jusqu'à ce que l'on atteigne la température de Curie. A ce moment, le matériau acquiert alors brutalement et spontanément une aimantation macroscopique. On est alors dans la phase « ferromagnétique ». En l'absence de champs extérieurs, le système choisit indifféremment une aimantation positive ou négative. La croissance de l'aimantation dans la phase ferromagnétique se fait selon une loi puissance :

$m \sim \pm (Tc - T)^{\beta}$

Si on applique alors un champ externe opposé à l'aimantation du matériau, celle ci s'oriente spontanément dans la même direction. Inversement, si le champ externe est dans la même direction que l'aimantation du matériau, alors son aimantation va peu varier. Le paramètre qui mesure la sensibilité de l'aimantation vis-à-vis d'une variation infinitésimale du champ externe est la susceptibilité magnétique qui s'écrit, en champ nul :

$$\chi_T \equiv \left(\frac{\partial m}{\partial h} \right)_{T, h=0}$$

Équation 6.1

On reconnaît ici l'expression générale de la susceptibilité, en prenant m comme paramètre d'ordre. Pour des températures proches de la température de Curie, il est montré que la susceptibilité diverge selon une loi puissance :

$$\chi_T \approx |T - T_c|^{-\gamma}$$

Équation 6.2

Lorsque la température est égale à la température de Curie, une variation infinitésimale du champ externe provoque donc une forte variation de l'aimantation.

Partie 3. Approche statistique de la rupture dans le manteau neigeux

Les propriétés décrites jusqu'à présent sont facilement mesurables en laboratoires, mais qu'en est-il, par exemple, de la longueur de corrélation, valeur nettement moins accessible ? Dans le cas d'un système ferromagnétique, le couplage entre les éléments du système tend à orienter les spins atomiques dans la même direction. Ce couplage favorise donc l'apparition d'amas de spins de même direction. Une façon de mesurer la longueur de corrélation, c'est-à-dire la longueur maximale d'influence entre les spins, est de mesurer le rayon maximal de ces amas. Expérimentalement, on peut avoir accès à cette mesure en envoyant sur le matériau un faisceau de particules (par exemple des neutrons). Lorsque la longueur de corrélation atteint la longueur d'onde du faisceau incident, on observe une diffraction des particules : c'est le phénomène « d'opalescence critique ».

De telles expériences montrent que la longueur de corrélation diverge en loi puissance lorsque la température tend vers la température de Curie :

$$\xi \approx \left| T - T_c \right|^{-\nu}$$

Équation 6.3

Il ressort donc de telles expériences qu'au point critique, deux spins séparés d'une distance très grande peuvent encore influer l'un sur l'autre. C'est là la caractéristique majeure des systèmes critiques. Au point critique, des corrélations à longues portées apparaissent entre les éléments, de sorte qu'une petite perturbation à un endroit du système peut se propager en cascade sur de très grandes distances. C'est la présence de ces phénomènes collectifs qui font d'un système critique l'exemple type d'un système complexe.

Le formalisme général des transitions de phases présenté plus haut a été construit sur la base de cet exemple de transition ferromagnétique :

Le point de Curie joue le rôle du point critique, la température et le champ externe sont les deux paramètres de contrôle. L'aimantation moyenne par unité de volume, qui reste nulle au-dessus du point de Curie et devient non nulle en dessous, correspond au paramètre d'ordre.

Quant à la susceptibilité magnétique, elle correspond naturellement à la susceptibilité. On observe au voisinage de la transition ferromagnétique un grand nombre de lois d'échelles, ce qui est caractéristique d'une transition critique.

Les exposants de ces lois d'échelles sont appelés des exposants critiques et permettent de caractériser qualitativement le comportement du système au voisinage du point critique.

6.4.2   Universalité des systèmes critiques

Hypothèse d'universalité :

Un état critique peut être rencontré dans des systèmes de nature très variée. Par exemple, des systèmes très différents tel qu'un feu de foret, un réseau routier aux heures de pointe ou un aimant près de la température de Curie possèdent les même caractéristiques aux abords de leur point critique respectif. On retrouve en effet une invariance d'échelle dans la taille des amas (d'arbres, de voitures, de spins), une longueur de corrélation infinie (un feu peut se propager sur des distances très importantes, un rétrécissement de la chaussée peut créer des bouchons monstres, le retournement d'un spin peut affecter un grand nombre d'autres spins).

Mais bien plus que cela, on a ont remarqué que des systèmes en apparence très différents, pouvaient posséder une étonnante similarité dans la valeur de leur exposant critique. Ces observations laissent penser que les exposants critiques ne dépendent que de facteurs très génériques, indépendants de la physique « fine » de chaque système. Cette hypothèse très importante est connue sous le nom d'hypothèse d'universalité :

La valeur des exposants critiques ne dépendrait, en tous cas pour des systèmes en équilibre, que de trois paramètres :

La dimensionnalité du système, d

La dimensionnalité du paramètre d'ordre, d' : i.e. le nombre de degré de liberté du paramètre d'ordre. Par exemple, dans le modèle d'Ising, un spin ne peut être orienté que dans une direction (mais deux sens). On aura ici, d'=1

La portée des interactions, c : On parle ici de couplages physiques entre les éléments. Les exposants vont en effet être modifiés selon que les couplages sont à courte portée (limité aux plus proches voisins) ou à longue portée (étendus au système tout entier).

On peut aussi en théorie regrouper les systèmes, en fonction de la valeur de leurs exposants critiques, dans des « classes d'universalité », à l'intérieur desquels les systèmes sont supposés avoir les mêmes paramètres génériques (d, d', c).

Une des implications fondamentales de cette hypothèse est qu'à partir du moment où on a identifié la classe d'universalité d'un système réel complexe au voisinage de son point critique (volcan, croûte terrestre, manteau neigeux,...), on peut l'étudier **avec des systèmes modèles simples** (du type tas de sable, percolation, Ising, etc. (*cf. 7.1*)). Les exposants critiques sont généralement difficiles à trouver, du fait de la pauvreté des données, des effets de taille finie, du choix des variables (pertinents ?),... Par contre, on peut éventuellement établir que deux « objets géologiques » ou deux régions distinctes ne font pas partie d'une même classe, si leurs exposants critiques apparents (par exemple, le coefficient b de la loi de Gutenberg-Richter) diffèrent au-delà des barres d'erreur. Ceci est donc très instructif et permet de *chercher les raisons physiques de leurs différences de comportement*.

Il faut préciser à nouveau que les paramètres énumérés ici (d, d', c) ont été établis uniquement dans le cas de systèmes en équilibre. Pour les systèmes dynamiques, on accepte encore l'hypothèse d'universalité, à savoir que la valeur des exposants critiques ne dépend que de paramètres génériques. Mais il est possible que d'autres paramètres encore mal connus actuellement interviennent et influencent la valeur des exposants critiques.

6.4.3 Interprétation de la valeur des exposants critiques pour des systèmes à l'équilibre

Nous n'allons ici faire qu'une analyse intuitive pour tenter de comprendre pourquoi les paramètres génériques jouent un rôle si important sur la valeur des exposants critiques.

Rappelons tout d'abord que, d'après l'hypothèse d'universalité, la valeur des exposants critiques ne dépend que de trois paramètres : la dimensionnalité du système (d), la dimensionnalité du paramètre d'ordre d' et la portée des interactions c.

Un état critique résulte de la compétition entre deux facteurs, d'une part une tendance des éléments à s'organiser (par l'intermédiaire des couplages physiques), et d'autre part un facteur désordonnant qui perturbe l'organisation des éléments.

Ce qui va déterminer la brutalité de la transition, et donc la valeur de l'exposant critique, va être la facilité avec laquelle l'ordre va pouvoir se propager au sein d'un système. Donc, si, par exemple, on augmente la dimensionnalité du système, on augmente le nombre de chemins possibles entre deux points quelconques du système. Ceci aura pour effet de faciliter la propagation des corrélations d'un point à un autre. La transition va donc être plus douce, puisque les corrélations vont commencer à apparaître assez loin du point critique.

La portée des interactions c, va avoir un effet similaire. Une connectivité infinie va avoir pour effet d'augmenter le nombre de chemins d'un point à l'autre du système, et donc à faciliter le transport des corrélations (donc de l'ordre). Une grande connectivité va donc rendre la transition plus douce.

En revanche, la dimensionnalité du paramètre d'ordre va avoir l'effet inverse. Plus on augmente d', plus on augmente la liberté des éléments de ne pas s'ordonner les uns avec les autres éléments. Par conséquent, on retarde le moment où les éléments vont s'ordonner.

6.5. Systèmes critiques : propriétés dynamiques

Les systèmes étudiés jusqu'à présent sont des systèmes à l'équilibre. Par conséquent, les propriétés que nous avons décrites sont pour la plupart des propriétés statiques (taille des amas, ..). Nous avons vu cependant que certains systèmes, bien qu'à l'équilibre thermodynamique, sont en fait soumis en permanence à l'agitation thermique, qui leur confère un certain nombre de propriétés dynamiques. Ici, nous allons nous intéresser exclusivement aux propriétés dynamiques des systèmes critiques.

En dehors des systèmes à l'équilibre soumis à l'agitation thermique, il existe deux types de situations dans lesquelles on peut rencontrer des phénomènes critiques dynamiques :

Le cas où un système critique purement statique (comme un réseau de percolation) sert de support géométrique à un phénomène de transport (fluide, électricité, feu, maladie…). Dans ce cas, le système n'est pas modifié au cours du temps. On cherche typiquement à établir comment les propriétés géométriques critiques du système vont influer sur les propriétés de transport.

Le cas d'un système qui est lui-même critique dynamique ou hors d'équilibre. De tels systèmes sont par définition des systèmes qui ne sont pas à l'équilibre au sens thermodynamique (i.e. avec une énergie libre minimum) et sont constamment en train de se réajuster en fonction des changements dans les conditions extérieures. Ils restent néanmoins proches du point critique, de telle sorte qu'ils présentent un certain nombre de propriétés dynamiques. Dans ce cas, le système est modifié au cours du temps ; ce à quoi on s'intéresse est la réponse du système à ces sollicitations extérieures.

La classe des systèmes critiques dynamiques peut elle-même être divisée en deux catégories :

Les systèmes critiques dynamiques ordinaires (CDO) : Ce sont des systèmes critiques qui sont mis hors d'équilibre par un changement de leurs paramètres de contrôle.

Les systèmes critiques auto-organisés (CAO, ou SOC en anglais) : Ce sont des systèmes soumis à une sollicitation lente, et qui fluctuent spontanément autour de leur point critique sans que l'on ait à réajuster leur paramètre de contrôle.

6.5.1   Introduction d'exposants critiques dynamiques

Avant de décrire plus précisément les systèmes dynamiques, il nous faut définir un certain nombre de quantités et d'exposants critiques propres à ces systèmes. Comme nous l'avons déjà dit, un système dynamique est un système qui répond à une sollicitation extérieure. Cette réponse peut se faire de façon continue ou sous la forme d'événements intermittents que l'on appelle des « avalanches ». On caractérise ces avalanches par leur taille, leur durée, et leur extension spatiale. Nous allons maintenant définir chacune de ces variables, et décrire leur distribution près d'un point critique.

- Taille des avalanches, s :

C'est le nombre de relaxations élémentaires qui ont lieu au cours d'une avalanche. Au voisinage d'un point critique, la taille des avalanches devient invariante d'échelle. Leur distribution de probabilité P(s) est décrite par la loi puissance :

$P(s) \approx s^{-\tau} f_1(s/s_c)$

où f_1 est une fonction d'échelle (ou fonction de coupure) et sc est la taille de coupure, qui est fonction de la longueur de corrélation du système.

- Durée des avalanches ou temps de relaxation, :

C'est simplement le temps que met le système à retrouver l'équilibre à partir du moment où l'avalanche se déclenche. Au voisinage d'un point critique, la durée des avalanches suit également une distribution en loi puissance.

- Extension spatiale des avalanches, n :

C'est le nombre d'éléments distincts impliqués dans une avalanche.

- Susceptibilité, χ :

La susceptibilité, dans les systèmes dynamiques est définie comme la taille moyenne des avalanches, <s> (Vespignani, Zapperi, 1998). Comme dans les systèmes à l'équilibre, la susceptibilité augmente en loi puissance au voisinage du point critique.

6.5.2 Systèmes critiques dynamiques ordinaires

Les systèmes critiques dynamiques ordinaires sont des systèmes critiques dont la dynamique est liée à la variation d'un des paramètres de contrôle autour de sa valeur critique.

Nous verrons que cela peut correspondre à la situation où l'on charge un matériau en contrainte jusqu'au seuil de rupture. Si la variation du paramètre de contrôle (ici, l'augmentation de contrainte) est suffisamment lente, le système va alors répondre sous forme d'avalanches, distribuées au voisinage du point critique en loi puissance, pour les tailles, les durées et les extensions spatiales.

6.5.2.1 Ingrédients d'un système critique dynamique ordinaire

Nous allons ici dresser une liste d'ingrédients génériques qui caractérisent de tels systèmes. Le but est de fournir une base sur laquelle on puisse tester de façon systématique la criticalité ordinaire d'un objet naturel. Nous ferons la même analyse pour les systèmes critiques auto-organisés.

Conditions nécessaires :

Un système critique dynamique ordinaire est avant tout un système dans un état de transition de phase. Il doit posséder au minimum :

- un *facteur ordonnant* : couplage physique ou géométrique...

- un *facteur désordonnant*

- un **grand nombre d'éléments** : En théorie, la notion de criticalité n'est définie que dans la limite d'un système infini.

- L'ajustement d'un ou plusieurs paramètres de contrôle à une valeur précise : par exemple, T=Tc et h=0 dans le modèle d'Ising (*cf. 7.1.3.1*).

Une séparation infinie entre l'échelle de temps de la sollicitation et l'échelle de temps de la relaxation du système. En pratique, cela signifie qu'il faut que les variations du paramètre de contrôle soient très lentes afin d'éviter un recouvrement des avalanches.

6.5.2.2 Caractéristiques observationnelles

Ces caractéristiques sont d'abord celles de tous systèmes critiques (à l'équilibre ou hors d'équilibre) :

- **continuité du paramètre d'ordre** au point critique,

- *divergence* de la longueur de corrélation,

- lois *d'échelle*

La séparation d'échelle de temps entre le chargement et la relaxation va s'exprimer à travers une **dynamique intermittente** : i.e. des épisodes de relaxations d'énergie entrecoupées de périodes stables.

Un tel système sera également caractérisé par un certain nombre de lois d'échelle typiques des systèmes dynamiques (distribution en *loi puissance de la taille, la durée et l'extension spatiale des avalanches*).

Enfin, ce type de système va présenter un certain nombre de phénomènes à l'approche du point critique. Une des caractéristiques majeures des transitions de phase est leur caractère brutal. Néanmoins, une transition critique préserve une continuité des variables macroscopiques au passage de la transition, et est annoncée à son approche par une évolution caractéristique de certains paramètres (susceptibilité, longueur de corrélation). En ce sens, **une transition critique est prédictible, alors qu'une transition du premier ordre ne l'est pas.**

6.5.2.3 Les différents régimes :

Pour qu'un système soit critique, deux conditions sont nécessaires :

Un taux de chargement infiniment faible (l'énergie reçue par chaque site par unité de temps doit être infiniment faible)

Un taux de dissipation infiniment faible (le système doit être dissipatif, sinon l'énergie du système augmenterait indéfiniment mais le taux de dissipation doit être infiniment faible)

On peut à partir de ces conditions théoriques identifier deux régimes (cf. Figure 6.2) :

Régime sous-critique : C'est le cas où le taux de dissipation n'est pas infiniment faible. Cette dissipation créera un effet de troncature sur la distribution des tailles d'avalanche)

Régime sur-critique : C'est le cas où le taux de chargement n'est pas infiniment faible. Par conséquent les avalanches se recouvrent (l'une commence lorsque l'autre n'est pas terminée).

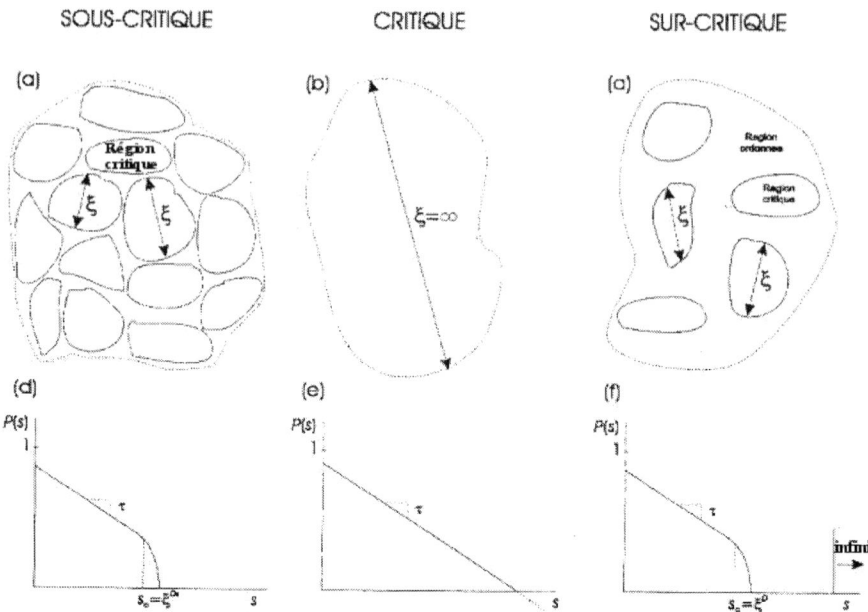

Figure 6.2 : Représentation schématique d'un système critique, sous-critique et sur-critique. Les pointillés sur les schémas du haut représentent le fait que l'on considère un système infini, seule limite dans laquelle la notion de transition critique est réellement définie. En dessous est représentée de façon schématique la distribution de probabilité P(s) d'une avalanche de taille s. Dans le cas d'un système critique, la distribution en loi puissance se prolonge à l'infini sans échelle caractéristique, alors que dans un système sous- ou sur-critique, elle est tronquée par la longueur de corrélation finie du système. Le pic à l'extrême droite de la courbe sur-critique correspond à une avalanche de taille infinie. (d'après Lahaie, 2000).

6.5.3   Systèmes critiques auto-organisés

Les systèmes critiques auto-organisés (Bak et al, 1987) sont des systèmes soumis à une sollicitation lente et qui fluctuent spontanément autour de leur point critique sans que l'on ait à ajuster ses paramètres de contrôle. Cette idée d'attraction vers le point critique a fait du concept de la criticalité auto-organisé (Self-Organized Criticality ou SOC) un des concepts les plus populaires pour interpréter l'omniprésence des lois puissances dans la nature.

Il faut toutefois garder en tête que la criticalité auto-organisée n'apparaît que dans certaines conditions :

6.5.3.1   Conditions nécessaires

- un *grand nombre d'éléments*

- un facteur *désordonnant* : un minimum de désordre est nécessaire pour empêcher la synchronisation des éléments.

Nous nous intéressons ici uniquement à une grande classe de systèmes CAO qui ont la particularité d'être des systèmes :

- soumis à un *flux d'énergie*,

- *dissipatifs*, et caractérisé par une *dynamique à seuils*.

Ces systèmes doivent posséder :

- *un taux de chargement infiniment faible*,

- *un taux de dissipation infiniment faible*,

- *un taux de chargement infiniment plus faible que le taux de dissipation*.

Enfin, il doit y avoir une *cicatrisation instantanée* des éléments par rapport à la durée de l'avalanche : c'est-à-dire que chaque élément qui vient d'être instable doit aussitôt être capable de ré-accumuler de l'énergie. Autrement dit, les éléments ne doivent pas garder de mémoire de leur passé.

Cette dernière condition est une des plus restrictives en ce qui concerne la déformation des objets géologiques.

6.5.3.2   Caractéristiques observationnelles

- *continuité du paramètre d'ordre* au point critique,

divergence de la longueur de corrélation,

- *lois d'échelle*

- *dynamique intermittente*

Ces quatre caractéristiques sont communes avec les systèmes critiques (transition du 2nd ordre). Il y a ensuite l'idée d'attraction vers le point critique, exprimée à travers une

insensibilité aux conditions initiales de la dynamique *asymptotique* du système.

Il y a également l'idée de stationnarité, exprimée à travers une :

valeur *stationnaire* du niveau *d'énergie moyen*,

stationnarité statistique dans les *lois d'échelles* : Autrement dit, un système doit persister pendant un temps infiniment long dans un état critique pour être considérer comme CAO.

6.5.3.3 Implications de la criticalité auto-organisée d'un système

imprédictibilité de la taille des événements individuels :

C'est là l'une des caractéristiques fondamentales de la CAO. Même en supposant que l'on sache quel site va devenir instable, et que l'on connaisse exactement l'état du champ de contrainte, il est extrêmement difficile de déterminer quelle va être la taille de l'avalanche qui va se développer. En effet, la taille va dépendre de façon subtile de la répartition du champ de contrainte et la seule façon de savoir réellement si cette avalanche va être grande ou petite est de la déclencher effectivement.

Cette implication est fondamentale pour l'aléa sismique (si on considère que la croûte est dans un état CAO) car elle interdit toute prédiction, au sens déterministe, de la taille d'un séisme particulier.

prédictibilité statistique de la taille des événements :

Ceci est donné naturellement du fait de l'invariance d'échelle de la taille des événements.

6.5.3.4 Ce que n'implique *pas* la CAO

Une imprédictibilité des événements individuels dans l'espace : Contrairement à une idée répandue, la CAO n'implique pas nécessairement une imprédictibilité des événements dans l'espace. Le chargement du système peut être très local sans que le système perde son caractère critique auto-organisé.

Des corrélations spatiales ou temporelles entre les événements : Dès lors que le système a un taux de dissipation finie (faible), l'endroit où a eu lieu une avalanche est déchargé et, par conséquent, juste après cette avalanche, la probabilité pour qu'une autre avalanche se développe au même endroit est plus faible qu'ailleurs. C'est la même chose dans le domaine temporel : la dissipation d'énergie lors d'une avalanche a tendance à baisser le niveau d'énergie moyen du système $<z>$, de façon proportionnelle à la taille de l'événement. Par conséquent, cela diminue la probabilité d'occurrence d'un autre événement aussitôt après, et ceci d'autant plus que l'événement précédent a été important : des corrélations temporelles apparaissent.

Par conséquent, la CAO, à elle seule, n'explique pas l'invariance d'échelle dans l'espace et dans le temps. Elle n'explique que l'invariance d'échelle des tailles des événements.

géométrie fractale des « surfaces de rupture »,

organisation fractale des failles,

proximité globale au seuil de rupture : Un système critique auto-organisé n'est *pas* un système *proche en tout point de la rupture*. Le champ de contrainte est très hétérogène et un site peut très bien se trouver près du seuil de rupture tandis que son voisin est totalement déchargé. Ceci rationalise le fait qu'il suffise d'une augmentation de contrainte minime pour déclencher un événement tandis que dans d'autres endroits ce n'est pas le cas.

6.6. Effet de taille finie

Tous les comportements critiques que nous avons décris jusqu'à présent sont valables dans la limite d'un système infini. Au sens strict, il n'y a que dans cette limite que les singularités qui révèlent une transition critique apparaissent, et que par conséquent, une transition critique est réellement définie.

La taille finie du système a pour effet d'atténuer les singularités qui caractérisent son comportement au point critique. Plus précisément, elle décale la valeur du seuil critique, elle empêche la divergence des variables macroscopiques comme la susceptibilité ou la longueur de corrélation, et elle modifie la forme des distributions statistiques (notamment la distribution de taille des avalanches ou de taille des amas).

Il existe des méthodes pour caractériser l'effet de taille finie, notamment la théorie dite « des lois d'échelles en taille finie » (finite size scaling). On suppose dans cette théorie que les effets de taille finie peuvent être décrits par une fonction universelle appelée « fonction d'échelle », qui ne dépend que du rapport L/ξ (L : taille du système, ξ : portée des interactions). Universelle signifie ici que la forme fonctionnelle de la fonction d'échelle ne varie pas avec la taille du système. Par contre, celle ci va dépendre de nombreux détails du système (forme, conditions aux limites, répartition spatiale du chargement, portée des couplages etc.).

Pour une variable macroscopique X qui, dans un système infini est décrite par un $X \approx (\varepsilon - \varepsilon_c)^Y$, on suppose donc que, dans un système de taille fini L :

$X(\varepsilon, L) \approx (\varepsilon - \varepsilon_c)^Y . f_1(L/\xi)$

Ou encore, d'après l'Équation 6.3, $X(\varepsilon, L) \approx (\varepsilon - \varepsilon_c)^Y . f_1(L/(\varepsilon - \varepsilon_c)^\nu)$

Soit : $X(\varepsilon, L) \approx L^{-Y/\nu} . f_2(L^{1/\nu} (\varepsilon - \varepsilon_c))$

Où f_1 et f_2 sont des fonctions d'échelles (aussi appelées fonction de coupure dans le cas des distributions de probabilité). Si l'hypothèse d'effet de taille finie du système est vérifiée, on doit observer, en traçant $XL^{Y/\nu}$ en fonction de $(\varepsilon - \varepsilon_c)L^{1/\nu}$ pour différentes tailles de damier, une superposition des différentes courbes. Dans le cas général, Y, ν et εc sont inconnus. Le jeu consiste alors à balayer l'ensemble de leurs valeurs possibles jusqu'à ce que l'on observe une superposition des courbes pour différentes tailles du système.

Il est à noter que cette méthode s'applique dans le cas des distributions de probabilité. Dans ce cas, il faut tracer $P(s, L).L^{\tau Ds}$ en fonction de s/L^{Ds} pour différentes tailles du système (où τ est l'exposant critique pour un système de taille infinie et Ds un exposant qui relie la taille du système L à la valeur maximale de X imposée par la taille du système, $X=L^{Ds}$).

6.7. Application à la rupture dans les matériaux

Il apparaît, dans les modèles, que la nature de la transition entre la phase ordonnée et la phase désordonnée dépend essentiellement du degré d'hétérogénéité du matériau. Si le matériau est totalement homogène, les éléments vont se charger élastiquement jusqu'à leur seuil de rupture, où ils vont rompre simultanément. La transition est alors du premier ordre et s'exprime sur une courbe contrainte-déformation par un mode de rupture dit « fragile ». Si, au contraire, le matériau est hétérogène, il va présenter une phase d'endommagement progressif, dans laquelle les éléments vont rompre sous forme d'avalanches de tailles variées. La transition est alors du second ordre, et s'exprime sur une courbe contrainte-déformation par un mode de rupture dit « ductile ». Selon le cas, le module d'Young apparent va passer soit de façon discontinue d'une valeur positive à une valeur nulle (premier ordre), soit décroître de façon continue en loi puissance vers une valeur nulle (second ordre) (cf. Figure 6.3).

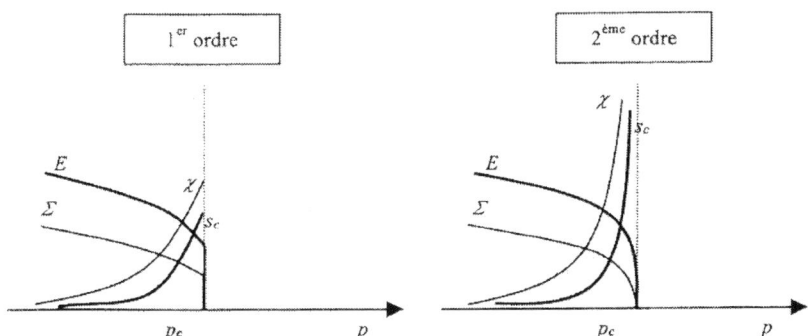

Figure 6.3 : Evolution de variables caractéristiques de la fracturation au voisinage d'une transition de phase du premier ordre et d'une transition de phase du deuxième ordre. E : module d'Young macroscopique du matériau, χ susceptibilité, Σ conductance électrique macroscopique du matériau, s_c taille maximum des avalanches (d'après Lahaie, 2000)

La question est de savoir si la rupture devient une transition critique dès lors que l'on introduit un minimum d'hétérogénéité (Sornette et Andersen, 1998), ou bien si, au contraire, la rupture ne devient critique que dans la limite d'une hétérogénéité infinie (lorsque l'effet du désordre domine l'effet des interactions) (Zapperi et al. 1999).

Dans ce dernier cas, l'idée est d'interpréter la rupture comme une instabilité qui apparaît proche d'une spinodale[39]. Ceci serait rendu possible par le caractère à longue portée des interactions élastiques. Du fait de la présence d'hétérogénéités dans le matériau, le processus d'organisation se ferait de façon intermittente, sous forme d'avalanches distribuées en loi puissance, fournissant ainsi une interprétation alternative à l'observation de lois puissance à l'approche de la rupture dans les matériaux.

---

[39] c'est un point dans l'espace des phases séparant un état métastable d'un état instable du système

Ce qu'il faut retenir :

Le concept de **transition de phase** permet non seulement d'interpréter **la non-linéarité** d'un système mais aussi, et c'est le plus important, **l'invariance d'échelle** des objets étudiés

Caractéristiques des transitions de phase :
Transition du premier ordre, ayant comme :
Discontinuité du paramètre d'ordre. **Par contre, ses dérivées de part et d'autre de la transition restent finies**
Une production de chaleur latente, liée à une discontinuité de l'entropie.
Toutes les *variables macroscopiques restent finies*.
Des *phénomènes d'hystérésis*.

Transition critique (ou transition du second ordre) :
Continuité du paramètre d'ordre. Par contre, toutes ses dérivées divergent.
Pas de production de chaleur latente (pas de saut d'entropie)
Certaines variables *macroscopiques divergent* (telles que la distance de corrélation)
De nombreuses *lois d'échelle*.

Criticalité auto-organisée :
continuité du paramètre d'ordre au point critique,
divergence de la *longueur de corrélation*,
lois d'échelle
dynamique intermittente
+
insensibilité **aux *conditions initiales*** de la dynamique asymptotique du système.
valeur *stationnaire* du niveau **d'*énergie* moyen,**
stationnarité statistique dans les lois d'échelles.

Chapitre 7 Les outils numériques de modélisation

7.1. Les différents modèles de rupture à notre disposition

Nous avons vu, dans la partie précédente, que plusieurs mécanismes pouvaient mener à des lois puissances. Il existe globalement deux types de modèles capables de reproduire de tels comportements invariants d'échelle : les modèles géométriques sans couplage spatial entre les éléments et les modèles avec couplage spatial.

7.1.1 Les modèles géométriques sans couplage spatial : modèles de percolation

Le modèle de percolation fut introduit par Broadbent et Hammersley en 1957. Cette théorie de la percolation a été introduite pour traiter mathématiquement les milieux désordonnés, dans lequel le désordre est défini par une variation aléatoire du degré de connectivité. Il s'applique à de nombreux domaines de la physique tels que les écoulements de fluide dans un milieu poreux, la fracturation dans les milieux hétérogènes, etc. Nous allons, dans cette partie, décrire succinctement les différents types de modèles de percolation. L'ouvrage de référence sur les modèles de percolation a été écrit par Stauffer et Aharony (1992). La théorie de la percolation est le modèle le plus simple pas encore exactement mathématiquement résolu, permettant d'observer des transitions de phases (Christensen et Farhadi, 2001).

7.1.1.1 Description du modèle

On considère, pour ce faire, un réseau de dimension d, de géométrie fixée (mailles carrées, triangulaires, hexagonales,...), constitué de N sites. L'étude de la percolation se fait dans la limite de N infini. Il existe plusieurs types de modèles :

Percolation de sites : les sites sont occupés, au hasard, avec une probabilité p. Deux sites voisins occupés sont alors automatiquement connectés entre eux.

Percolation de lien : Cette fois ci, tous les sites sont occupés et on connecte au hasard deux sites voisins avec une probabilité p.

Percolation de sites-liens : C'est un hybride des deux précédents : Initialement, on part d'un modèle de site dans lequel les liens entre deux sites occupés ne sont présents qu'avec une probabilité conditionnelle p_b

Percolation dirigée : c'est le même modèle que la percolation de lien, auquel on ajoute une orientation aléatoire sur chaque lien.

Le but de l'étude de tels modèles est de comprendre les propriétés macroscopiques de connexion, connaissant les règles de connexion à l'échelle microscopique.

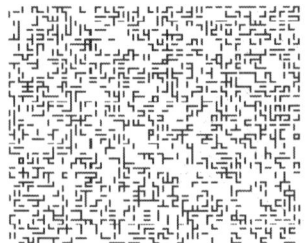 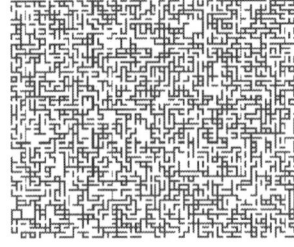

Figure 7.1 : Exemple de représentation d'un modèle de percolation pour p=0.25 à gauche et p=0.49 à droite

Lorsque p est faible, très peu de sites sont connectés entre eux. Les amas présents sont de petites tailles (on appelle amas un ensemble de site connecté). Lorsqu'on augmente p, des amas de plus en plus grand apparaissent jusqu'à la formation d'un amas infini (ou percolant). La probabilité p pour laquelle un amas percolant apparaît est appelée seuil de percolation et est noté pc. Ce seuil peut fluctuer d'une réalisation à l'autre (gardons en vue que le modèle est basé sur des tirages aléatoires de sites). Le seuil de percolation tendra vers une valeur bien déterminée dans la limite d'un système infini. Ainsi, si p<pc, une information ne pourra pas transiter d'un bord à l'autre du réseau (phase non percolante). Inversement, si p>pc, l'information pourra traverser le réseau (phase percolante).

7.1.1.2   Propriétés macroscopiques

Ce modèle ne possède donc qu'un paramètre de contrôle (p). Il présente toutes les caractéristiques de transition critique. Plusieurs variables macroscopiques peuvent être définies, telle que la proportion des sites appartenant à l'amas percolant P, la densité d'amas de taille n, la densité totale d'amas, la longueur de corrélation, la susceptibilité, etc. Ces variables suivent des lois d'échelles et des relations entre les exposants critiques existent : ces relations sont appelées lois d'échelle (scaling laws).

Il est important de souligner que ce modèle possède trois niveaux de généralité :

La valeur du seuil de percolation ne dépend que de la géométrie du réseau (carré, triangulaire,...), de la dimensionnalité d du système (2D ou 3D) et du type de modèle de percolation choisi (lien, site,...). Cette valeur ne dépend pas de la façon dont on approche le point critique (par ex., en diminuant p à partir de $p=1$ ou en augmentant p à partir de 0).

Les exposants critiques ne dépendent, eux, que de la dimensionnalité d du réseau, du type de modèle de percolation choisi et de la façon dont on approche le point critique. Il est à noter que les exposants ne dépendent pas de la géométrie du réseau choisi.

Les lois scalantes (relations entre les différents exposants critiques) sont, elles, vérifiées quelle que soit la dimensionnalité d du réseau et ne dépendent que du type de modèle choisi.

Le paramètre d'ordre de cette transition de phase est P, la proportion de sites appartenant à l'amas percolant. Pour $p<p_c$, il n'existe pas d'amas percolant $P=0$; pour $>p_c$, $P>0$. P suit une distribution en loi puissance : $P \sim (p-p_c)^\beta$ pour $p \geq p_c$

avec *$\beta = 0.14$* pour $d=2$ et *$\beta = 0.44$* pour $d=3$. β est l'exposant critique au sens cumulé.

7.1.1.3   Conclusion

Ce modèle montre comment, à partir de règles microscopiques très simples, peuvent émerger des propriétés macroscopiques complexes (lois d'échelle). Ce modèle très général est purement géométrique. Il pourra décrire tout type de phénomène au cours duquel de petites structures statistiquement indépendantes se couplent de façons purement géométriques pour former une « macro-structure ».

On pourra utiliser un tel modèle pour décrire la coalescence de microfissures dans un matériau dans le cas où les fissures peuvent être considérées comme indépendantes. Le couplage entre les fissures doit donc être négligeable.

7.1.2   Les modèles géométriques avec couplage spatial

Il existe une multitude de modèles entrant dans cette catégorie. Nous pouvons citer, à titre d'exemple, le modèle de Daniels (1945), le modèle d'Ising, le modèle de Bak (Bak et al. 1988), le modèle patin-ressort (Olami et al. 1992),…

7.1.2.1   Le modèle de Daniels : fibres démocratiques

On considère ici que le modèle constitué d'une association de fibres en parallèle. Chaque fibre a un comportement élastique fragile, dont les propriétés sont choisies aléatoirement. Une contrainte est appliquée jusqu'à ce que la fibre la plus fragile casse. La contrainte est alors redistribuée de façon égale selon les lois de l'élasticité sur les fibres non cassées. Cette redistribution de contrainte peut entraîner la rupture d'une autre fibre et ainsi de suite (effet de cascade). L'intérêt d'un tel modèle est que l'on peut obtenir des résultats exacts (grâce à la méthode de renormalisation, Binney et al., 1992, Wilson, 1992).

Il est possible d'étudier notamment le nombre de fibres simultanément rompues (qu'on peut appeler avalanche). Il est intéressant de noter que :

Ce modèle de fibre à répartition démocratique *n'est pas critique* (au sens commun). Son comportement ressemble à une transition de phase du *premier ordre* : On observe des fluctuations avant la propagation de la rupture finale. Du fait des interactions à longues portées (élastique) entre les fibres, ces fluctuations (ruptures simultanées des fibres) sont distribuées selon une loi puissance.

Le modèle donne des exposants critiques différents selon que l'on s'intéresse aux avalanches produites entre deux états voisins ou que l'on s'intéresse au nombre total de fibres cassées en fonction de la charge appliquée (sur la totalité de l'histoire du chargement). Dans le premier cas (local), on a un exposant égal à −3/2 (Hansen et Hemmer, 1994) en non cumulé, alors que dans le second cas (global), on a −5/2 (Hemmer et Hansen, 1992). Il est remarquable de trouver la coexistence entre un exposant local et un exposant global, tous deux différents[40] (Sornette, 2000).

7.1.2.2 *Développement du modèle de Daniels*

Le modèle de Daniels sert de modèle de base à beaucoup d'autres types de modèles, plus complexes, faisant intervenir bien souvent plus de paramètres.

7.1.2.2.1 Les modèles de type hiérarchique

Le modèle hiérarchique peut être vu comme une association de liens (ou fibres) en série et en parallèle (Newmann et Gabrielov 1991). Ce type de modèle a beaucoup été utilisé pour modéliser les ruptures et les séismes car :

Il contient, par construction, une invariance d'échelle (supposée être essentielle pour décrire une rupture dans un matériau hétérogène). Cette construction peut, par exemple, être basée sur une structure fractale (arbre).

Il est possible, par construction, d'utiliser la théorie de la renormalisation (théorie qui permet d'obtenir des solutions analytiques aux problèmes étudiés).

Principe :

On construit par itération un modèle à couches : Chaque couche a des propriétés identiques. Puis on utilise le principe du modèle de Daniels.

---

[40] Appliqué aux séismes, ce résultat suggère qu'il n'y a pas de contradiction entre le fait qu'on trouve un petit exposant *b* dans un temps fini et un exposant grand lorsque l'intervalle de temps est étendu jusqu'à l'occurrence du plus grand séisme.

7.1.2.2.2 Le modèle de fusible (Sornette et Andersen, 1998)

Il ressemble beaucoup au modèle de fibre à répartition démocratique, mais un aspect dynamique a été ajouté : Dans le modèle initial, on inspecte tous les liens et le lien le plus proche d'un seuil de rupture est amené de manière quasi-statique à la rupture. Ici, chaque élément est caractérisé par une variable d'endommagement qui réagit de façon dynamique à la force appliquée à cet élément. Cette variable dépend donc du temps. Il est à noter que deux temps caractéristiques interviennent dans ce modèle : un temps de recicatrisation des éléments et un temps caractéristique lié à l'endommagement (fonction de la répartition locale des contraintes sur chaque élément).

Une conséquence importante entre la compétition entre ces deux temps caractéristiques (phénomènes antagonistes) est que la rupture n'apparaît pas sur le lien le plus chargé mais sur le lien ayant subi une histoire de chargement qui a maximisé son endommagement.

7.1.3 Les automates cellulaires

Ce type de modèle est très générique. Il englobe bon nombre de modèles différents. Nous expliciterons ces différents types de modèles dans la partie suivante.

Un automate cellulaire est un système discret dans l'espace et dans le temps, son évolution dans le temps étant définie par des *lois locales*.

Principe : Les éléments de base d'un automate cellulaire sont les cellules. Une cellule peut être considérée comme une mémoire unitaire souvent qualifiée d'état. Dans le modèle le plus simple d'un automate cellulaire, les états sont binaires, c'est-à-dire qu'ils contiennent les valeurs 0 ou 1. En revanche, dans des modèles plus complexes, les cellules peuvent prendre plusieurs états différents (>=2).

Un automate cellulaire est définit sur un réseau régulier (ou non, Kutnjak-Urbanc et al. 1996), typiquement un réseau carré de dimension 2, comparable à un échiquier, de taille arbitraire. A chaque cellule ou site du réseau (case de l'échiquier) est associée une valeur numérique (par exemple 0 ou 1) appelée l'*état* du site.

Le système évolue dans le temps en fonction d'une règle choisie. A chaque itération, l'état de chaque site est modifié selon cette règle. Pour chaque site, la même règle est appliquée simultanément. Par définition, cette règle est une fonction qui ne dépend que de l'état des sites voisins.

Un automate cellulaire permet d'étudier le **comportement global** (damier) d'un système à partir de **lois simples** à l'échelle **locale** (cellule).

7.1.3.1 Modèle d'Ising

Le modèle d'Ising avait initialement pour objectif de reproduire les caractéristiques essentielles des systèmes ferromagnétiques (voir exemple, 6.4.1). Ce modèle est un automate cellulaire. Il renferme les ingrédients essentiels qui caractérisent tout système à l'état critique. Il offre une richesse que n'offre pas le modèle de percolation car la présence de couplage entre les éléments y est introduite.

Définition :

Le modèle représente un corps ferromagnétique par un ensemble de N spins, disposés aux nœuds d'un réseau à d dimensions. On note L la longueur de chaque coté du réseau. On a donc N∝Ld. On suppose que les spins ne peuvent s'orienter que dans **deux directions** (vers le haut ou vers le bas). L'état si de chaque spin est décrit par une variable **binaire** si=1 ou si=-1. Dans ce modèle, les spins sont soumis à deux influences : le couplage entre spins voisins qui tend à aligner les spins dans la même direction et l'agitation thermique qui renverse aléatoirement les spins. On a bien un *effet ordonnant* (couplage magnétique) et un *effet désordonnant* (agitation thermique).

Pour ce type de modèle, on a

Paramètre de contrôle : Température T et champ extérieur h,

Point critique : $T=T_c$ et $h=0$

Paramètre d'ordre : Aimantation moyenne par spin m ($m=0$ si $T>T_c$, $m\neq0$ si $T<T_c$

Transition critique : $m(T,h=0)$ continue en $T=T_c$, divergence de la longueur de corrélation en $T=T_c$, lois d'échelle.

On a $m \sim \pm(T_c-T)^\beta$ pour $T\rightarrow T_c$ et $h=0$ où $\boldsymbol{\beta = 1/8}$ pour $d = 2$, $\boldsymbol{\beta = 0.326}$ pour $d = 3$. Les exposants donnés ici peuvent être assimilés à des exposants critiques dans une représentation *cumulée* car m est défini comme le nombre total de spins dans une orientation divisé du nombre totale de spins (d'après Lahaie, 2000) .

Il se trouve que les exposants critiques du modèle d'Ising sont très semblables à ceux d'un fluide réel[41] à la transition critique liquide/gaz. La classe d'universalité du modèle d'Ising est donc la même que celle d'un fluide réel.

---

[41] On considère que les spins orientés vers le haut correspondent à un site occupé par une molécule et les spins orientés vers le bas à un site vide. Les régions dont la plupart des spins sont tournés vers le bas sont identifiés à un gaz, et inversement celles dont la plupart des spins sont tournés vers le haut sont idéntifiés à un liquide.

7.1.3.2 Modèle de Bak, Tang et Wiesenfeld (BTW), 1988

Ce modèle est communément appelé modèle du tas de sable.

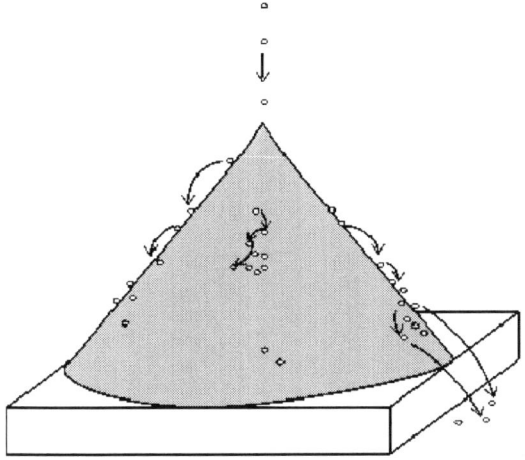

Figure 7.2 : Image conceptuelle du modèle de tas de sable (modèle BTW)

Le modèle de BTW est un automate cellulaire. C'est donc un modèle qui discrétise l'espace et le temps. Le modèle est composé d'un damier carré de cellule. Chaque cellule est numérotée par des indices (i, j). L'état de chaque cellule est caractérisé par un nombre entier non-négatif que nous appellerons $u_{i,j}$. A chaque pas de temps, une cellule (i, j) est choisie au hasard. On ajoute alors sur cette cellule une charge : $u_{i,j} = u_{i,j} + 1$.

Le modèle suppose que rien ne se passe tant que $u_{i,j} < 4$. Dans le cas contraire, le site devient instable et évolue suivant les règles :

$$u_{i\pm1,j} = u_{i\pm1,j} + 1 \qquad u_{i,j\pm1} = u_{i,j\pm1} + 1 \qquad u_{i,j} = u_{i,j} - 4$$

En d'autres mots, lorsqu'un site devient instable, la quantité de 4 unités est *équitablement* répartie entre les 4 premiers voisins de ce site. Un exemple est présenté sur la Figure 7.4.

Les lois de relaxation de ce modèle sont ***conservatives*** (toute l'énergie est redistribuée aux premiers voisins) hormis sur les bords, où l'énergie est perdue (conditions aux limites ouvertes).

Après un temps suffisamment long, et indépendamment des conditions initiales, le système atteint un état stationnaire, où l'énergie moyenne par site est constante $<u_c>$, et où la dynamique des avalanches est invariante d'échelle.

La distribution non-cumulée des tailles d'avalanches (décroît alors en loi puissance jusqu'à une taille de cutoff qui dépend de la taille du damier. L'exposant de la densité de probabilité (obtenue à l'aide de la distribution non-cumulée) est de $b_{NC} \cong 1.05$, donc proche de 1. Cela correspond à une distribution cumulée qui suit une loi puissance d'exposant *b≅0.05*. L'effet de cutoff du à la taille finie du système devient très fort pour de petits *b* (*cf. Figure 7.3*). La distribution cumulée ne présente alors plus de comportement en loi puissance[42].

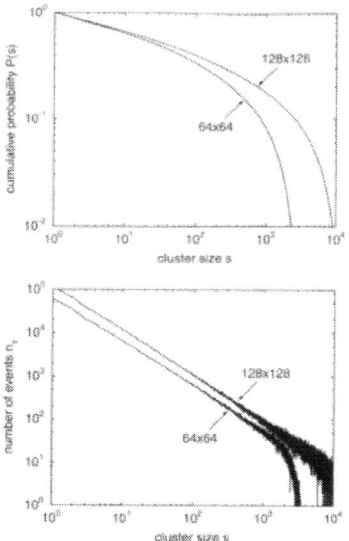

Figure 7.3 : Distribution cumulée (en haut) et non-cumulée (en bas) de la taille des avalanches dans le modèle BTW pour deux tailles différentes de damier. (d'après Hergarten, 2002)

Ce système présente toutes les caractéristiques d'un système critique, sans que l'on ait besoin d'ajuster un paramètre de contrôle. Le système tend spontanément vers son niveau d'énergie moyen critique$<u_c>$. Il présente donc les caractéristiques d'un système critique auto-organisé.

---

[42] si b_{NC} avait été égal à 1, la distribution cumulée aurait été logarithmique.

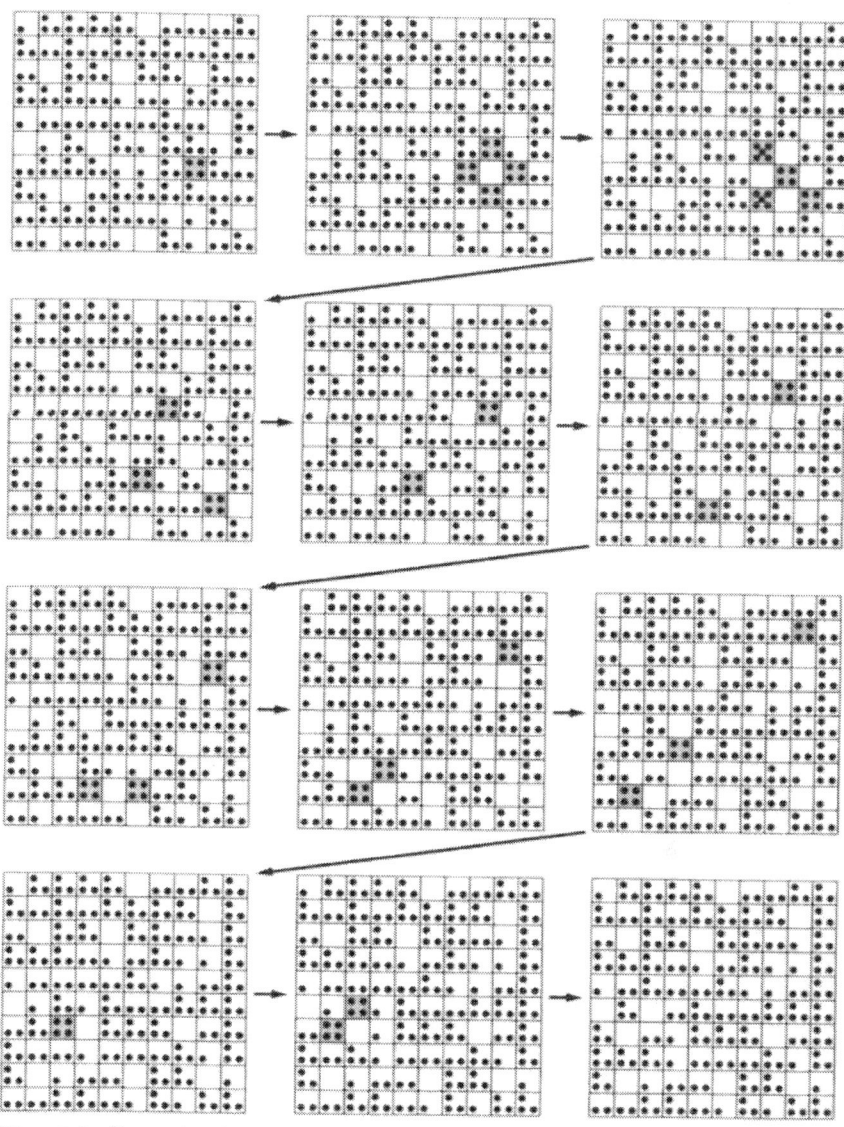

Figure 7.4 : Exemple d'une avalanche dans le modèle BTW. Les points noirs représentent les valeurs de $u_{i,j}$. Les sites instables sont grisés ($n \geq 4$). (d'après Hergarten, 2002)

7.2. Modèles appliqués à d'autres aléas naturels

7.2.1   Forest fires model : feu de forêt

Malamud et al. (1998), Guzzetti et al. (2002) ont montré que les surfaces des feux de forêt suivent des distributions statistiques en loi puissance, d'exposant critique $b_{NC}=1.4$. La première version de ce modèle a été donnée par Bak et al. (1990).

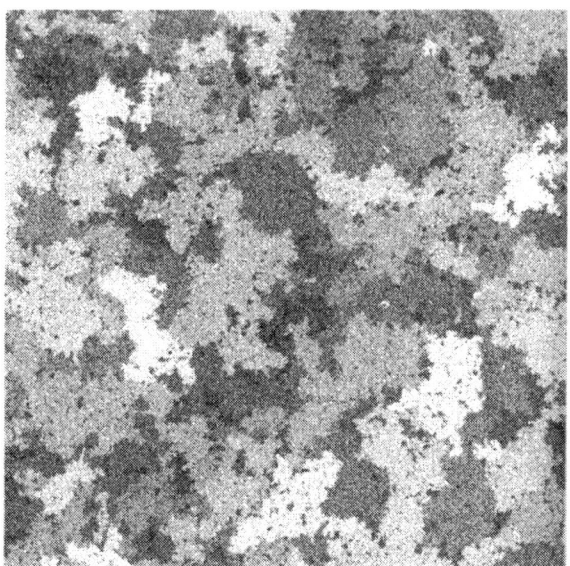

Figure 7.5 : Représentation du modèle de feu de forêt pour un damier de 8192*8192 avec un taux de croissance de r=2048. Les points noirs correspondent aux arbres, les points blancs correspondent aux sites vides. (d'après Hergarten,2002)

Le modèle de feu de forêt est très analogue au modèle de BTW. C'est un automate cellulaire dans lequel chaque site peut être vide ou occupé par un arbre qui peut être vivant ou brûlé. A chaque pas de temps, le réseau est actualisé suivant les règles :

Un arbre vivant prend feu si un des 4 arbres voisins brûle.

Un arbre brûlé laisse le site vide au prochain pas de temps.

Sur un site vide, un arbre pousse avec une probabilité donnée de p.

Ces règles sont appliquées simultanément à tous les sites.

Ce modèle présentait néanmoins quelques problèmes, le plus gênant était que le comportement n'était pas très réaliste par rapport au feu réel (les exposants du modèle sont très différents de la réalité). Ces règles ont été modifiées :

Un site est choisi au hasard et est brûle. Si le site est occupé par un arbre, il brûle, ainsi que tous les arbres qui lui sont connectés.

Un total de r nouveaux arbres est ajouté aléatoirement sur le damier. Si un site est déjà occupé par un arbre, on n'en tient pas compte.

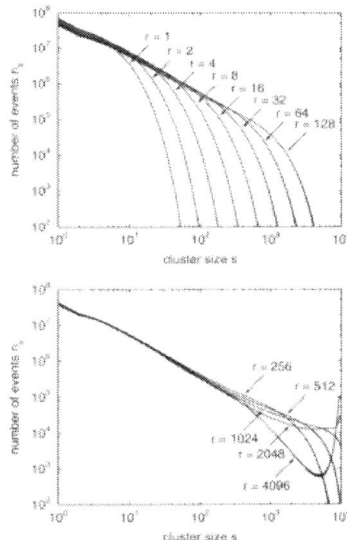

Figure 7.6 : Distribution non-cumulée des tailles de feu pour différentes tailles de damier.(d'après Hergarten 2002)

La probabilité d'avoir un grand feu croît lorsque r augmente. Pour de très grands taux de croissance (r>2048), la figure (*cf. Figure 7.6*) nous montre que le nombre d'événement ne décroît pas mais au contraire augmente. Cette figure suggère que, comme dans le modèle BTW, les effets de tailles du damier sont importants.

Les résultats ont montré que la distribution cumulée de tailles de feu suivait une loi puissance d'exposant $b=0.23$ lorsque r→∞. Les résultats expérimentaux (Malamud et al. 1998) ont montré que la distribution des tailles de feu de forêt était en loi puissance d'exposant variant de *b=0.31 à 0.49* en cumulé.

La différence majeure avec le modèle BTW est l'existence du paramètre de contrôle, à savoir le nombre de nouveaux arbres plantés *r*.

7.2.2 Modèle Patin-ressort de Olami-Feder-Christensen (OFC) : tremblement de terre

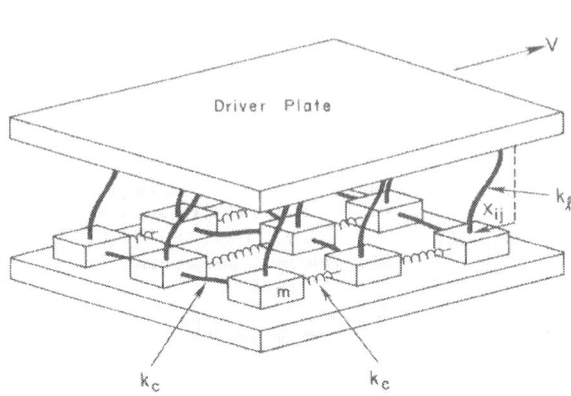

Figure 7.7 : Image conceptuelle du modèle de patin-ressort de Olami-Feder-Christensen, 1992 (OFC)

Ce modèle a été développé pour comprendre la dynamique des failles géologiques donc pour comprendre les séismes. Ce modèle peut être traité à l'aide d'un automate cellulaire dont les règles d'évolution (de déplacement de chaque bloc) sont déterminées par le principe fondamental de la dynamique. Ce modèle est *continu* (les états des cases peuvent varier de façon continue) et ***non-conservatif*** (à chaque relaxation d'énergie – un patin glisse – de l'énergie est perdue sur l'ensemble du damier).

Les résultats montrent que la distribution non-cumulée des avalanches (nombre de blocs qui bougent à chaque pas de temps) suit une loi puissance mais l'exposant critique n'est pas *universel* (Olami et al. 1992, Christensen et Olami 1992). Il peut être réglé à l'aide de la rigidité des ressorts k. L'exposant varie de $b_C=0.58$ pour $k=0.5$ à $b_C=0.78$ pour $k=2$. Ce modèle est aussi sensible aux conditions aux limites(périodique, non-périodique).

Contrairement au modèle BTW et au modèle de feu de foret, l'exposant b peut être réglé à l'aide de k, la rigidité des ressorts. C'est la plus grande différence de ce modèle avec les autres.

7.2.3 Glissements de terrain

Expérimentalement, il a été montré que les glissements de terrain suivent une distribution statistique invariante d'échelle avec un exposant critique (en surface cumulées) très variable de l'ordre de $b_C=1.3$ (Malamud et al. 2001, Pelletier et al. 1997, Guzzetti et al. 2002) (cf. Tableau 5, p140).

Les modèles BTW et OFC ne donnent pas de résultats conformes à la réalité. Le modèle OFC a été modifié par le biais de l'introduction d'un paramètre quantifiant la dissipation énergétique lors du mouvement d'un patin. Les résultats sont meilleurs ($b_C=1.05$ en cumulé) mais toujours assez éloignés de la réalité (cf. Tableau 5, p140). Pour plus de commentaires, voir Hergarten (2002).

Type de modèle	b_C (pour des surfaces)
Percolation	$\beta \cong 0.14$ en 2D et $\beta \cong 0.44$ en 3D
Ising	$\beta \cong 1/8$ en 2D et $\beta \cong 0.326$ en 3D
Daniels (fibre démocratique)	0.5 (local), 1.5 (global)
Feu de forêt	$\cong 0.23$
BTW (tas de sable)	$\cong 0.05$
OFC (patin-ressort) modifié	$\cong 0.58 / 0.78$ $\cong 1.05$

Tableau 6 : tableau récapitulatif des exposants critiques (en surface, cumulé) pour différents types de modèles (à comparer avec les exposants des aléas naturels, *cf. Tableau 5, p140*).

Chapitre 8 Automates cellulaires appliqués au déclenchement d'avalanche

Nous avons vu (*cf. Chapitre 5*) que les avalanches de La Plagne et Tignes étaient invariantes d'échelle, tant au niveau des hauteurs que des largeurs de plaque.

Nous avons vu (*cf. Chapitre 6*) que la théorie des transitions de phases pouvait fournir un cadre théorique satisfaisant pour décrire ces phénomènes.

Nous avons également fait un petit tour d'horizon (*cf. Chapitre 7*) des différents modèles existants pouvant servir à représenter de tels phénomènes invariants d'échelle.

Malheureusement, aucun modèle simple ne permet d'expliquer les valeurs élevées des exposants liés au déclenchement d'avalanches de plaque (*cf. Tableau 6 p177*) ni non plus de ceux d'autres ruptures géophysiques (*cf. Tableau 5, p140*).

Le but de cette démarche est ici d'utiliser le modèle le plus simple possible, faisant intervenir **le moins de paramètres possibles**. Si ce modèle est correct, il doit être capable de nous redonner le même comportement statistique que les avalanches réelles...

A première vue, le modèle de percolation paraît être bien adapté à l'étude de la propagation d'une fissure basale : des zones de faibles propriétés mécaniques dans le manteau neigeux peuvent percoler pour finalement mener au déclenchement d'une avalanche. Or, le paragraphe 7.1.1 nous apprend que le modèle de percolation pourra être utilisé pour décrire la coalescence de microfissures dans un matériau dans le cas où les fissures peuvent être considérées comme indépendantes. **Le couplage entre les fissures doit donc être négligeable** ce qui n'est vraisemblablement pas le cas dans notre problème particulier.

Nous avons donc choisi d'utiliser un automate cellulaire, modèle capable de prendre en compte les ***couplages spatiaux***.

Notre automate cellulaire doit donc pouvoir étudier le phénomène de rupture dans le cas d'un manteau neigeux.

8.1. Notre problème

Une avalanche de plaque résulte de la propagation d'une fissure en cisaillement dans une couche fragile (ou l'interface entre deux couches) suivie d'une rupture en traction dans la plaque dure (due au poids de la plaque). La couche fragile semble jouer un rôle essentiel dans le déclenchement d'une avalanche. Des zones de faibles propriétés mécaniques peuvent se créer à l'interface entre deux couches (les deux couches de neige se tassent et fluent différemment) menant à des concentrations de contraintes autour de ces « fragilités ». Par contre, la rupture en traction dans la plaque est liée au chargement provoqué par la perte d'ancrage basal due à la rupture en cisaillement. Elle sera moins affectée par les hétérogénéités dans l'épaisseur de la plaque. Donc, à priori les paramètres importants pour la stabilité du manteau neigeux vont être la ténacité en mode II dans la couche fragile et la résistance à la traction dans la plaque.

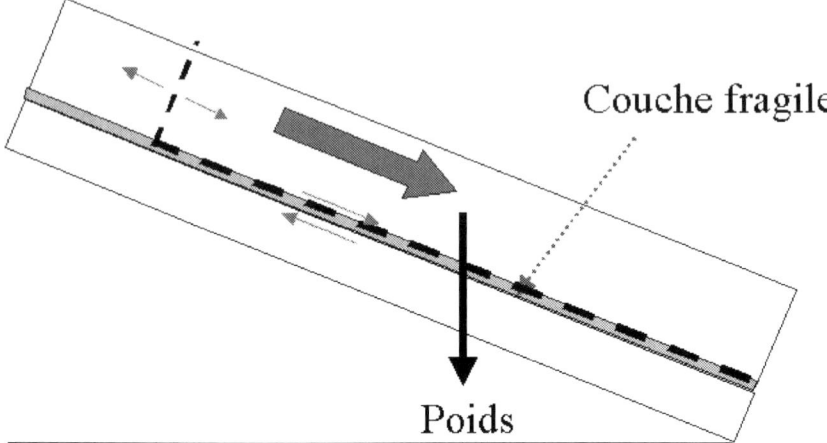

Figure 8.1 : Vue schématisée d'une coupe verticale du manteau neigeux.

Notre automate doit donc pouvoir prendre en compte les ruptures en cisaillement dans la couche fragile ainsi que les ruptures en traction dans la couche dure. Il doit être capable de « concentrer » les contraintes de cisaillement dans la couche basale autour de la zone rompue et de rompre en traction dans la plaque.

8.2. Définition de notre automate cellulaire

Le damier bidimensionnel de dimension N*N constitué de cellules carrées représente la couche fragile, vue perpendiculairement à la pente. Chaque cellule appartient à la couche fragile. Une cellule est liée à ses 8 voisines par un lien.

Chaque cellule (i, j) est définie par un état noté $\xi(i, j)$. Dans notre cas, l'état d'une cellule pourra être assimilé à une « pseudo-contrainte » de cisaillement s'exerçant sur celle-ci.

L'augmentation de l'état d'une cellule pourra donc aussi bien représenter soit :

une chute de neige : chaque cellule voit sa contrainte de cisaillement augmenter du fait de l'augmentation du poids du manteau neigeux.

une diminution des propriétés mécaniques, pouvant être due, par exemple, à une métamorphose de fort gradient au niveau de la couche fragile.

A la différence du modèle BTW, nous avons introduit *deux* seuils : un seuil de rupture en cisaillement pour décrire l'évolution des fissures basales et seuil de rupture en «traction» pour décrire le phénomène de rupture sommitale.

Partie 3. Approche statistique de la rupture dans le manteau neigeux

Par définition, un automate cellulaire utilise des règles d'évolution purement *locales* pour en déduire le comportement *global* (statistique).

8.2.1 Les règles locales utilisées pour la modélisation de la rupture d'une plaque (*cf. Figure 8.2*)

8.2.1.1 Rupture en cisaillement

Chaque cellule, dont l'état dépasse un seuil de cisaillement noté S_C i.e. $\xi(i, j) > S_C$, se rompt en cisaillement.

Le problème vient ensuite du choix de la répartition des contraintes de cisaillement autour de la cellule cassée en cisaillement. Une analyse mécanique de la situation montre que le problème est hyperstatique et qu'il existe donc une *infinité* de solutions. Nous avons choisi la règle de répartition la plus simple possible, i.e. la **répartition démocratique**[43] de « pseudo-contraintes » de cisaillement aux premiers voisins non rompus en cisaillement. Cela implique donc d'analyser la zone rompue en cisaillement. Il faut dénombrer les cellules adjacentes au « trou » constitué de l'ensemble des cellules rompues en cisaillement et de répartir la « pseudo-contrainte » à toutes ces cellules. Ce modèle est donc **conservatif**.

Une fois rompue, la cellule l'est jusqu'à la fin du calcul. Si on choisit de la recharger, alors l'incrément de charge est réparti aux premiers voisins non rompus (même démarche que lorsqu'une cellule se rompt en cisaillement). Cette règle, bien que physiquement évidente, diffère du modèle de tas de sable : une fois rompue, la cellule peut se charger à nouveau. Notre modèle n'autorise pas la recicatrisation des éléments sur un même calcul, dans un but de simplification du modèle. Nous cherchons à étudier la propagation de la rupture dans le manteau neigeux. Or, le temps caractéristique de rupture (fragile) est très inférieur au temps caractéristique de recollage entre les grains. Autoriser la recicatrisation des cellules ne modifierait donc pas la propagation de la rupture.

Une conséquence de cette règle est d'imposer à la rupture de se propager jusqu'à ce qu'elle sorte des limites du damier. Ainsi, à chaque calcul correspond une avalanche.

---

[43] Si $\xi(i, j)$ = report > Sc : alors $\xi(i', j') = \xi(i', j')$ + report / N
où N est le nombre de cellules voisines (8 au maximum) et (i', j') les coordonnées des cellules voisines.

8.2.1.2   «traction»

Notre automate cellulaire ne manipule donc que des « pseudo-contraintes » de cisaillement. L'analyse en traction doit donc être basée sur ces « pseudo-contraintes » de cisaillement. De plus, nous avons vu qu'il semble falloir utiliser un critère de rupture en contrainte pure. On n'a donc pas besoin d'introduire d'interactions (donc de répartition de contraintes de «traction») lors de la rupture en traction.

Lorsque deux cellules contiguës ont une différence de « pseudo-contrainte » de cisaillement supérieure à un seuil de «traction»[44] défini, le lien entre deux cellules est coupé $\xi(i, j)$-$\xi(i', j')$>S_T . On n'inspecte que les cellules situées au-dessus ou à la même hauteur que la cellule considérée[45].

Le terme traction est abusif, vu que le lien entre deux cellules adjacentes situées à la même hauteur va pouvoir se rompre : Dans ce cas, cette rupture se fera donc en cisaillement dans la couche dure. Pour être plus correct, S_T représente plutôt les propriétés mécaniques de la couche dure. Mais nous utiliserons le terme traction pour plus de commodité.

La seule information nécessaire supplémentaire à mémoriser pour traiter la rupture en traction sera donc uniquement l'existence ou non d'un lien entre toutes les cellules du damier.

Dans le cas où le lien entre les deux cellules se rompt, les deux cellules ne sont plus considérées comme voisine. Les « pseudo-contraintes » de cisaillement ne pourront donc plus se transmettre entre ces deux cellules. Les ruptures en « traction » joueront un rôle sur les répartitions des « pseudo-contraintes » de cisaillement.

---

[44] « Traction » est mis entre guillemets car ce n'ait pas à proprement parler de la traction mais un gradient de cisaillement local.

[45] Cette remarque est d'importance, car lorsqu'une cellule est très chargée, tous les liens situés au-dessus et sur les cotés de la cellule vont rompre. La charge se répartira donc sur les 3 cellules situées au-dessous.
Donc, d'un point de vue formelle, on aura : i'=i+[-1, 0, 1] ; j'=j+[0, 1].

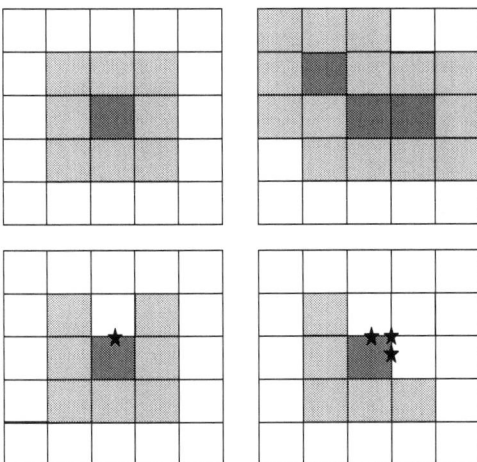

Figure 8.2 : Illustration des règles de rupture utilisées par l'automate cellulaire en cisaillement (figures a et b) et de traction (figures c et d). Les cellules rompues en cisaillement sont représentées en rouge. Les ruptures en «traction» entre les cellules sont marquées d'une étoile. Les cellules concernées par la répartition des pseudo-contraintes sont représentées en gris.

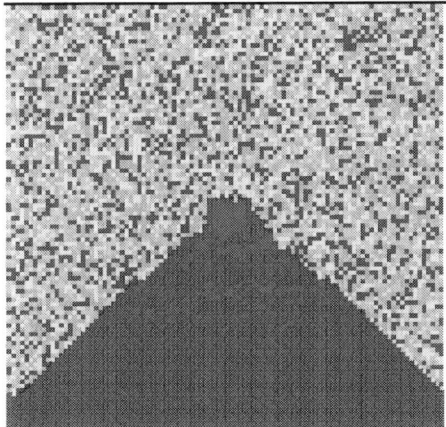

Figure 8.3 : Illustration d'un déclenchement d'avalanche. Les cellules colorées en rouge (ou gris foncé en noir et blanc) sont rompues en cisaillement, les points noirs indiquent que les liens entre les cellules sont rompus (en «traction»). Quatre couleurs ont été choisies pour représenter l'état des cellules : bleu clair de 0 à $S_C/4$, bleu foncé de $S_C/4$ à $S_C/2$, vert de $S_C/2$ à $3.S_C/4$ et jaune de $3.S_C/4$ à S_C, respectivement de loin du seuil de cisaillement à proche du seuil). En noir et blanc, plus la couleur est clair, plus la cellule est proche de la rupture.

8.2.1.3   Conditions aux limites

Les conditions aux limites sont périodiques sur les bords verticaux (latéraux) du damier. Les bords supérieurs et inférieurs n'ont pas de conditions aux limites particulières. Le damier représentant la pente est donc orienté.

8.2.2   Déroulement d'un calcul

Le déroulement d'un calcul comporte 4 phases :

Initialisation du damier

Chargement

Evolution

Arrêt

Chacune de ces phases peut être traitée de multiples façons.

8.2.2.1   Initialisation du damier

Deux principaux types d'initialisation sont possibles :

L'initialisation a zéro pour toutes les cellules. (le chargement doit alors être aléatoire, *cf. paragraphe suivant*)

L'initialisation aléatoire entre 0 et S_C pour toutes les cellules. (le chargement peut être ponctuel ou global, *cf. paragraphe suivant*)

8.2.2.2   Le chargement

Le mode de chargement pourra jouer un rôle dans le comportement statistique de l'automate. Plusieurs choix sont possibles :

Chargement aléatoire : Le damier est initialisé à zéro sur toutes les cellules. Une cellule est ensuite choisie aléatoirement à chaque pas de temps (sauf une cellule appartenant au bord inférieur). On ajoute ensuite $\delta\xi$ sur cette cellule.

Chargement ponctuel : Après avoir initialisé le damier entre 0 et S_C, on ajoute, toujours sur la même cellule (la cellule centrale : N/2,N/2), un incrément de $\delta\xi$. Ce type de chargement correspond à des déclenchements artificiels de plaque.

Chargement global : après avoir initialisé le damier de façon aléatoire (chaque cellule aura un état compris entre 0 et S_C), on ajoute simultanément $\delta\xi$ sur toutes les cellules.

8.2.2.3   L'évolution

Nous avons vu en 8.2.1 les règles d'évolution de la rupture dans le damier. Il faut tout de même préciser que la procédure balaye toutes les cellules du damier et fait évoluer leurs états jusqu'à ce que les ruptures s'arrêtent. Dans ce cas, on revient à la procédure de chargement.

8.2.2.4 Condition d'arrêt

Du fait des règles utilisées, une instabilité basale va se propager à 45° vers le bas de la pente (cf. Figure 8.2). En effet, si la « pseudo-contrainte » à répartir est très élevée, alors les liens situés au-dessus et à la même hauteur que la cellule considérer vont se rompre, menant à une répartition de la charge vers les 3 cellules du bas.

Vu qu'on ne charge pas la ligne du bas, une instabilité globale sera détectée lorsque plusieurs cellules voisines appartenant à cette ligne seront rompues.

Nous n'avons pas trouvé d'autres tests simples pour arrêter le calcul.

Une fois cette condition d'arrêt vérifiée, on recommence le calcul (initialisation du damier,...).

8.2.2.5 Analyse statistique du calcul

Chaque fois que la condition d'arrêt est atteinte, les cellules cassées en cisaillement sont dénombrées. Mais ce nombre ne sera pas réellement intéressant car, une fois l'instabilité déclenchée, elle se propage à 45° vers le bas du damier (cf. Figure 8.5).

Il est toutefois possible de dénombrer les cellules qui sont cassées en cisaillement et ayant leurs liens avec les cellules voisines intactes (non cassés en «traction»). De cette manière, il est possible de déterminer le nombre de cellules contenues dans la plaque. Cela représente l'aire de la zone de départ, qui est le paramètre mesuré sur le terrain.

Nous noterons aussi à chaque calcul le pas de temps critique auquel l'avalanche s'est déclenchée.

Par rapport au contexte théorique :

- Paramètre d'ordre : taille de plaque,

- Paramètres de contrôle : S_T/S_C , $\delta\xi/S_C$

Paramètres introduits dans l'automate :

- N : nombre de cellule du damier.

- $\delta\xi/S_C$: incrément de chargement divisé par le seuil de rupture en cisaillement

- S_T/S_C : seuil de «traction» divisé par seuil de cisaillement.

8.3. Résultats

8.3.1 Quelles statistiques retrouver ?

Nous avons vu que les avalanches de plaque étaient invariantes d'échelle tant au niveau des largeurs que des hauteurs de plaque. Vu que nous pouvons obtenir les aires de plaques déclenchées dans l'automate cellulaire, il faudra les comparer aux statistiques des carrés des largeurs de plaques (L^2). Ceci n'est qu'une approximation mais il semble raisonnable de considérer que l'aire de la zone de départ est proportionnelle à L^2 (cf. Figure 5.1).

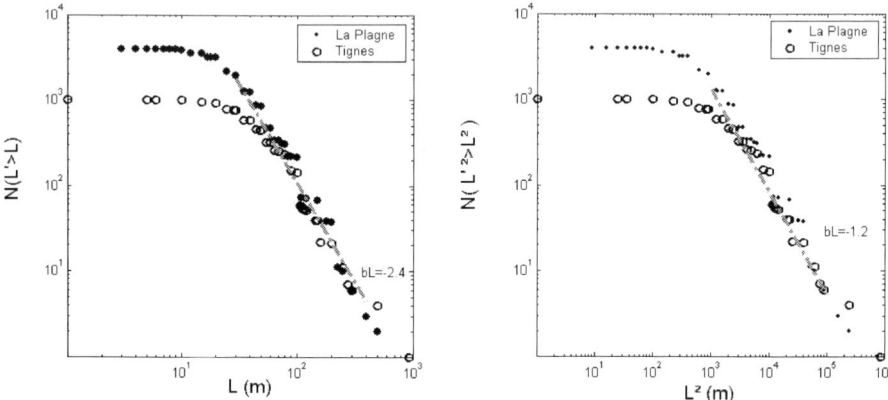

Figure 8.4 : Représentation des distributions cumulée de L (à gauche) et L^2 (à droite) pour les avalanches artificielles de La Plagne (3450 événements) et Tignes (1452 événements).

En représentation cumulée, la pente correspondant aux observations de terrain à obtenir sera de b = 1.2. En effet, un petit raisonnement mène à :

$$N(L'>L) \sim L^{-b} = (L^2)^{-b/2} \sim N(L'^2>L^2)$$

Comme la distribution cumulée est une intégration de la distribution non-cumulée lorsque les intervalles tendent vers 0, il vient que l'exposant recherché, en représentation non-cumulée de surface, doit être égal à $b_{NC} = 2.2$.

8.3.2 Premier essai : interaction aux premiers voisins non rompus

8.3.2.1 Analyse qualitative

Regardons qualitativement les résultats obtenus :

Les Figure 8.5, Figure 8.6 et Figure 8.7 représentent l'état des cases du damier après la rupture finale (un calcul pour chacun). Nous avons utilisé les mêmes codes de couleurs que dans la Figure 8.3. Les propagations à 45° dans la pente dues aux règles locales (*cf.* *8.2.2.4*) sont clairement visibles.

Partie 3. Approche statistique de la rupture dans le manteau neigeux

Nous avons fait varier le paramètre S_T/S_C (respectivement égal à 1, 2 et 100) en fixant les autres paramètres. Ces trois images ont donc été calculées à partir des mêmes conditions initiales.

On distingue nettement des plaques se déclencher. L'instabilité initiale menant à la rupture totale semble provenir d'une même zone de départ (en haut à droite du damier). La taille de la plaque (pour sa détermination, voir 8.2.2.5) résultant de la rupture « fragile » dépend manifestement du seuil de «traction» utilisé.

Plus le seuil de «traction» est grand, plus la plaque sera grande.

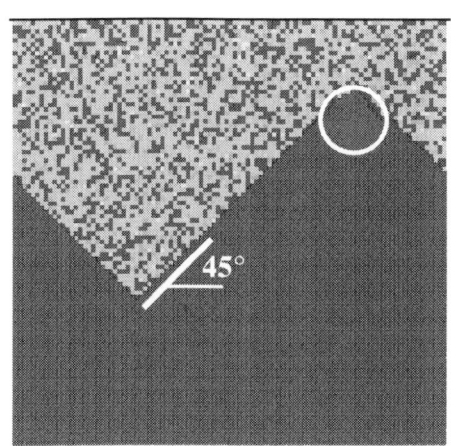

Figure 8.5 : Image du damier après rupture lorsque le seuil de «traction» est égal au seuil de cisaillement ($S_T=S_C$). Le cercle blanc indique la localisation de la plaque.

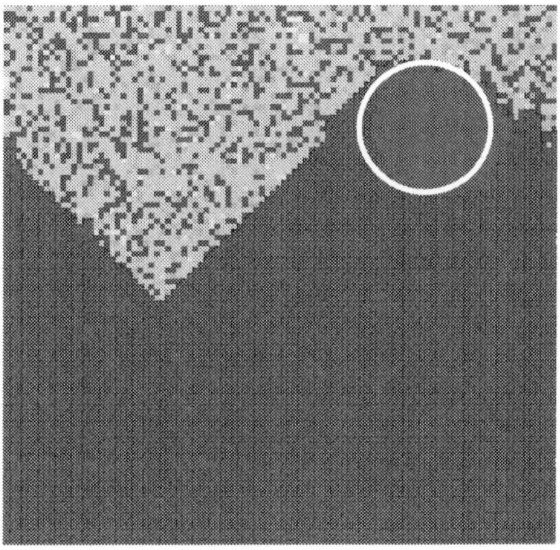

Figure 8.6 : Image du damier après la rupture pour $S_T=2.S_C$. Le cercle blanc indique la localisation de la p

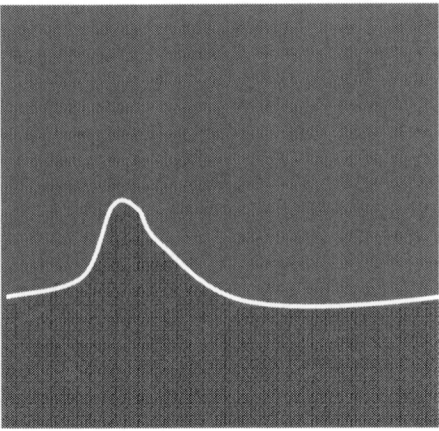

Figure 8.7 : Image du damier après rupture pour $S_T=100.S_C$. La zone de départ est la zone grise du haut.

Les résultats qualitatifs sont donc très encourageants car ils semblent représenter fidèlement le phénomène de déclenchement de plaque de neige. Voyons maintenant, d'un point de vue plus quantitatif, le comportement de ce type d'automate cellulaire.

8.3.2.2   Analyse statistique : Automate cellulaire à seuil **fixe**

Nous allons étudier le comportement statistique de cet automate cellulaire en inspectant l'influence des 3 paramètres à notre disposition : n, S_T/S_C et $\delta\xi/S_C$.

Pour ce faire, 2 paramètres vont être fixés tour à tour. Nous étudierons le comportement statistique de l'automate cellulaire lorsque le 3ème paramètre varie. Il nous sera donc possible de déterminer quel rôle joue chacun des paramètres dans le déclenchement des avalanches.

Nous ferons varier n de 8 à 50, S_T/S_C de ½ à 2 et $\delta\xi/SC$ de 1/16 à ¼ .

8.3.2.2.1 Influence de la taille du damier : n

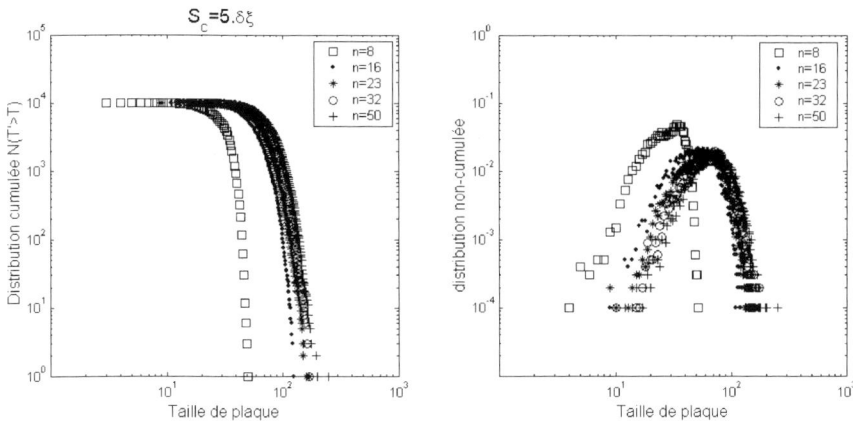

Figure 8.8 : Distributions cumulée (à gauche) et non cumulée (à droite) des tailles de plaques pour différentes tailles de damier (n=8, 16, 23, 32, 50). Chaque courbe représente 10000 avalanches.

Excepté pour une taille de damier de 8*8, les distributions de tailles de plaques (*cf.* Figure 8.8) sont approximativement identiques pour toutes les tailles de damier (les courbes se superposent). La taille du damier n'a donc pas l'air de jouer un rôle important sur la statistique des tailles de plaque :

Le problème du damier de 8*8 peut s'expliquer par le fait que les tailles maximums d'avalanches sont bornées par la taille finie du damier (seulement 64 cellules). Dès que le nombre total de cellules est supérieur à environ 200, l'effet de taille finie du damier disparaît.

Il semble résulter de la Figure 8.8 une taille caractéristique (dans ce cas environ 80 cellules) des avalanches déclenchées. On n'a donc *pas d'invariance d'échelle* des tailles de plaque.

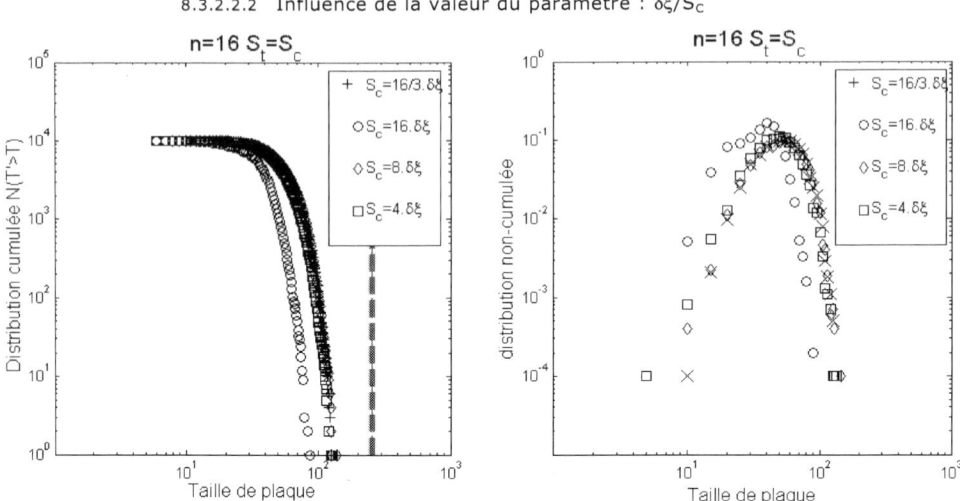

Figure 8.9 :Distribution cumulée (à gauche) et non-cumulée (à droite) : Influence de la valeur de l'incrément de chargement $\delta\xi/S_C$ sur le comportement statistique. Chaque courbe représente 10000 avalanches.

Une fois de plus, excepté pour un incrément très faible, on constate que les distributions des tailles de plaque pour différents incréments de contrainte se superposent (*cf. Figure 8.9*). La valeur du paramètre lié l'incrément de contrainte ($\delta\xi/SC$) n'aura donc pas d'influence majeure sur le comportement statistique de l'automate.

Ces distributions statistiques ne suivent *pas* de loi puissance. De plus, une échelle caractéristique semble apparaître (pic de probabilité des tailles de plaques autour de 60/70 cellules).

8.3.2.2.3 Influence de S_T/S_C

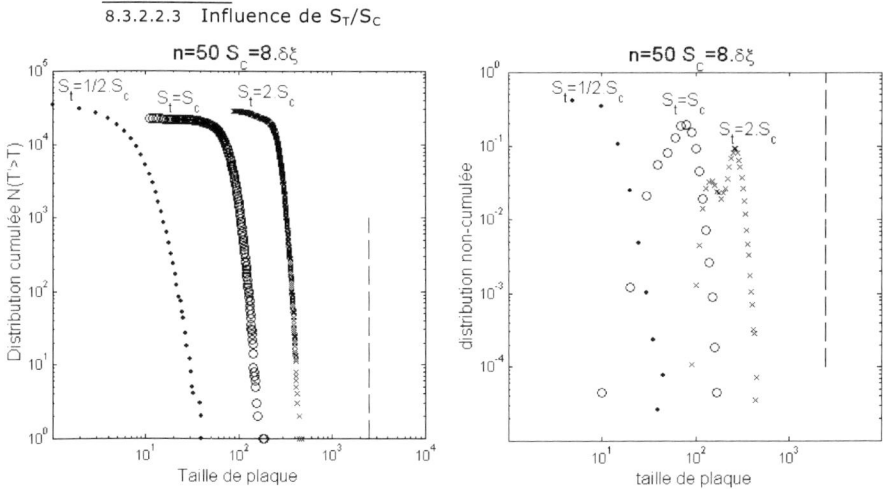

Figure 8.10 : Distribution cumulée : influence du seuil de «traction» sur les résultats statistiques. Chaque courbe représente 10000 avalanches.

Figure 8.11 : Distribution non-cumulée : influence du seuil de «traction» Chaque courbe représente 10000 avalanches.

On distingue clairement sur les figures Figure 8.10 et Figure 8.11 que la valeur du paramètre S_T/S_C a une influence sur la statistique des tailles de plaque. Il semble que plus ce paramètre est élevé, plus la taille caractéristique augmente (les pics de probabilités se décalent vers les grandes tailles). Il est aussi intéressant de constater que la taille minimale des avalanches augmente elle aussi lorsque S_T/S_C augmente. Ceci est logique car, lorsque S_T/S_C est supérieur à 1, le seuil de rupture en «traction» entre deux cellules ne pourra être atteint qu'après une cellule ait été « touchée » par la répartition des contraintes d'une (ou plusieurs) cellules voisines (cf. Figure 8.12). Un bourrelet de contrainte de cisaillement apparaît autour des cellules cassées et se propage en augmentant jusqu'à ce que la différence d'état entre deux cellules soit supérieure à S_T/S_C. Cela explique pourquoi une taille minimale d'avalanche est nécessaire lorsque le paramètre S_T/S_C est supérieur ou égal à 1.

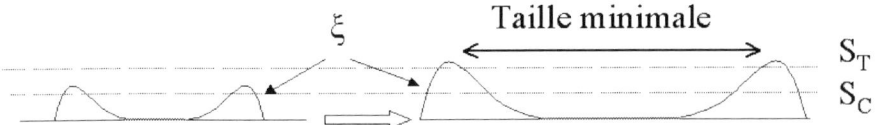

Figure 8.12 : Illustration qualitative (à une dimension) du « bourrelet » de contrainte de cisaillement se formant lors de la propagation d'une rupture.

8.3.2.2.4 Conclusion

Les résultats sont visiblement très loin de ce que l'on attendait ! Les distributions statistiques montrent en effet que les tailles des plaques, dans ce cas, ne sont pas invariantes d'échelle, et cela, pour tous les paramètres testés : taille du damier, seuil de «traction» et incrément de contrainte inférieur, égal ou supérieur au seuil de «traction».

Les résultats montrent que le seuil de «traction» semble jouer un rôle important sur le comportement statistique de l'automate cellulaire. Par contre, l'incrément, lui, ne semble pas changer drastiquement les statistiques car on observe une superposition des courbes correspondant à 4 incréments différents. A fortiori, un seul paramètre semble contrôler le comportement de l'automate : S_T/S_C .

Nous ne savons pas encore pourquoi le comportement statistique de l'automate ne suit pas une loi puissance (à priori, beaucoup d'éléments simples entrent en interactions, et les règles locales sont simples). Cela ressemble plus à une loi de type gaussienne, avec apparition d'une taille caractéristique.

Nous avons vu que le comportement statistique de l'automate cellulaire dépend du type de règles locales utilisées. Nous avions supposé, dans ce paragraphe, que les répartitions de contraintes se faisaient aux premières cellules voisines non rompues en cisaillement. Cette règle interdit donc les interactions à longues portées de type élastique. Cette propriété pourrait donc être à l'origine de telles différences de comportement statistique. Cette piste d'étude, sur le mécanisme de déclenchement, a été suivie : pour cela, nous avons changé de règles, en introduisant dans celles-ci des interactions à longues portées.

8.3.3   Interaction aux voisins d'ordre n

A première vue, l'automate ne prend pas en compte les interactions à longue portée, du fait de ses règles locales. Or ces interactions peuvent sembler à première vue importantes pour notre problème puisqu'elles correspondent aux interactions élastiques dans le manteau neigeux. Nous avons choisi de changer les règles de l'automate pour prendre en compte cette caractéristique. Pour pouvoir modéliser de telles interactions, nous avons utilisé des règles de répartition de contrainte qui dépendent de la taille du « trou » (nombre de cellules voisines rompues en cisaillement) : Plus le trou est grand, plus les contraintes doivent être réparties loin du trou : En effet, la première partie nous a montré que les concentrations de contraintes au bord d'une fissure étaient proportionnelles à la racine carrée de la taille de la fissure.

Pour cela, nous avons introduit dans les règles une répartition des pseudo-contraintes en fonction de la taille des voisins rompus en «traction». A chaque fois qu'une cellule se rompt en cisaillement, nous calculons la dimension du trou. La racine carrée de la taille du trou nous donne un chiffre qui représente la portée d'interaction : Par exemple, pour un trou de 4 cellules, la répartition se fera jusqu'aux voisins d'ordre 2. L'ordre des voisins correspond à la « distance » les séparant du trou. Il est relativement simple de trouver ces cellules puisqu'elles correspondent aux premiers voisins non rompus lorsqu'on considère le trou originel ajouté de ses premiers voisins. La procédure peut être réitérée pour trouver les cellules appartenant à des voisins d'ordre supérieur.

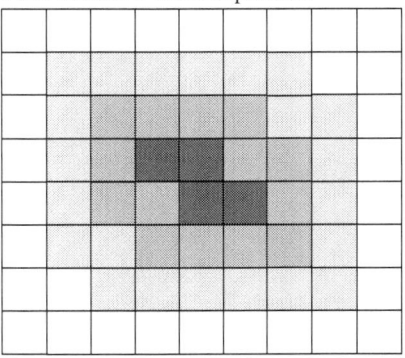

Figure 8.13 : Illustration du changement de règles de répartition en cisaillement. Exemple pour un trou de 4 cases (donc interaction au voisin d'ordre 2, représenté en gris très clair)

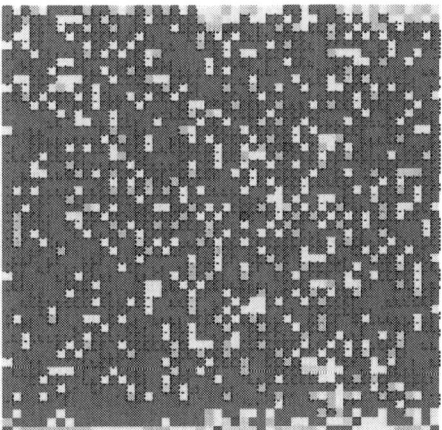

Figure 8.14 : Résultat qualitatif de l'automate après la rupture.

On voit donc nettement que le damier se morcelle : Il s'endommage progressivement. On n'observe plus de départ en plaque. Bien que cela puisse suggérer certains types particuliers d'avalanches (peau de crapaud), il est impossible de définir une taille de zone de départ.

Les règles locales prenant en compte les interactions élastiques à longue portée ne semblent donc pas valides pour décrire le déclenchement d'avalanches de plaque.

En fait, comme l'épaisseur de la plaque est de taille finie, les interactions élastiques ne pourront pas porter plus loin que l'ordre de grandeur de l'épaisseur. On aura un « écrantage » de la portée des interactions par l'épaisseur de la plaque (Louchet et al. 2000).

Cette remarque justifie le retour à une règle locale ne faisant intervenir que les premiers voisins.

8.4. Automate à seuil de traction aléatoire

Mais comment donc retrouver les résultats statistiques obtenus avec nos données de terrain à La Plagne et Tignes ?

Revenons à notre analyse statistique des données expérimentales. Nous avons utilisé toutes les avalanches répertoriées dans chaque massif montagneux, quelque soit le couloir de déclenchement, la période du déclenchement, l'orientation du couloir,...

Nous cherchons donc à modéliser un ensemble d'événement se produisant à l'échelle d'un massif.

Nous savons, d'après la première partie(cf. *Partie 1.1.3*), que les propriétés mécaniques de la neige sont très variables dans l'espace et dans le temps. Donc comment espérer représenter le comportement statistique de nos données avec le même jeu de paramètres des événements ayant eu lieu dans des conditions très différentes (en ce qui concerne notamment les propriétés mécaniques) ?

Nous ferons l'hypothèse que, pour chaque avalanche – donc chaque pente- les propriétés mécaniques de la couche fragile sont homogènes. Par contre, entre deux avalanches différentes, les propriétés mécaniques de la plaque peuvent changer drastiquement.

Nous allons revenir aux règles les plus simples, faisant intervenir uniquement les premiers voisins. Par contre, entre chaque calcul, nous allons choisir de manière aléatoire le seuil de «traction». Ceci est censé représenter la *variabilité* des propriétés mécaniques des plaques impliquées dans chacune des avalanches tout au long de l'année.

Il nous faudra donc, après chaque calcul (donc après chaque rupture globale du damier), choisir un seuil de «traction» *aléatoire*. Ce seuil ne doit pas être inférieur à la valeur de l'incrément, auquel cas, la cellule se rompt en «traction» à chaque pas de chargement. Nous fixerons le seuil de «traction» maximum.

L'automate présenté dans le paragraphe 8.2 sera utilisé. On ne changera que la valeur du seuil de «traction» entre chaque calcul. De cette manière, nous serons à même de représenter la variabilité spatio-temporelle du manteau neigeux.

8.4.1 Équivalence entre chargement artificiel et naturel

Deux méthodes sont envisageables :

Chargement naturel : Initialement, l'état de toutes les cellules est nul. Puis, on charge aléatoirement le damier jusqu'à la rupture finale.

Chargement artificiel : Initialement, l'état des cellules est choisi aléatoirement entre 0 et le seuil de cisaillement. Puis, on charge sur la case centrale jusqu'à ce que la rupture finale apparaisse.

Dans le cas du chargement naturel, la variabilité des propriétés mécaniques est introduite au fur et à mesure du chargement (qui est aléatoire). Dans le cas d'un chargement artificiel, la variabilité est introduite dès l'initialisation du damier (qui est aléatoire).

Il est intéressant de regarder si le comportement statistique des tailles de plaques est influencé par le type de chargement.

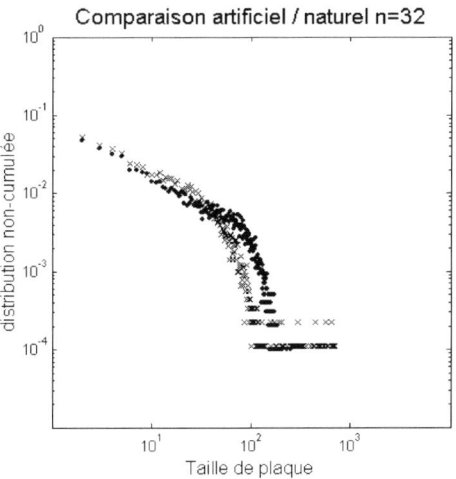

Figure 8.15 : Comparaison des résultats statistiques de l'automate entre deux types de chargement (artificiel : ponctuel – et – naturel : aléatoire) pour deux tailles de damier (pour n=32).

Le comportement statistique ne semble pas dépendre du mode de chargement (*cf. Figure 8.15*). Un décalage entre les deux courbes est néanmoins constaté pour les grandes tailles. Il n'a cependant pas d'influence flagrante sur le comportement statistique des petites tailles d'avalanche (celui qui nous intéresse car, au-delà, la taille finie du damier influence les résultats).

Etant donné que le temps de calcul est nettement inférieur dans le cas du chargement artificiel, et que nos données de terrain sont obtenues pour des déclenchements de plaque artificielle, nous avons utilisé ce dernier type de modélisation.

8.4.2   Effet de taille de damier

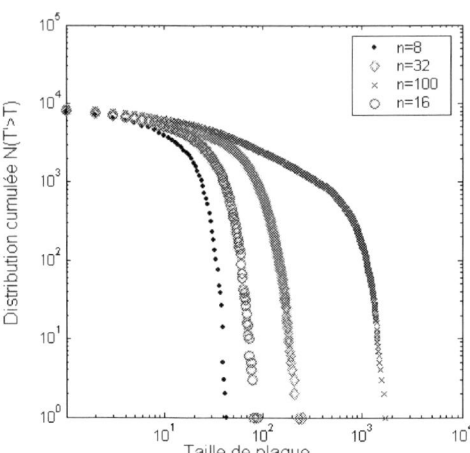

Figure 8.16 : Comparaison des distributions cumulées de taille de plaque pour différentes tailles de damier avec $S_C=4\delta\xi$. Chaque courbe représente 10000 avalanches.

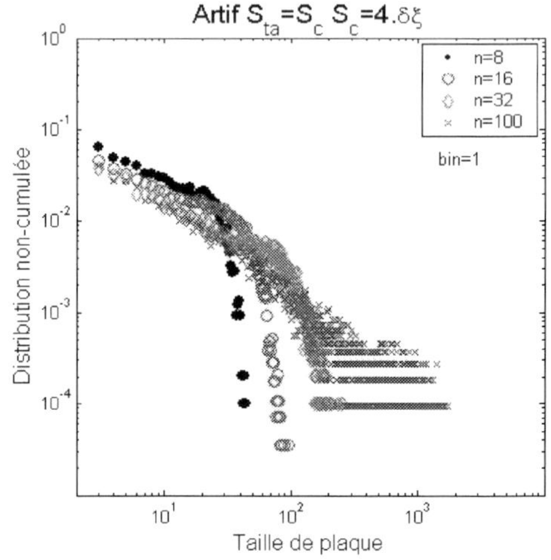

Figure 8.17 : Comparaison des distributions non-cumulées de taille de plaque pour différentes tailles de damier avec $S_C=4\delta\xi$. Chaque courbe représente 10000 avalanches.

Nous constatons donc que la taille du damier va avoir une influence sur le comportement statistique des tailles de plaque. La Figure 5.3 explique pourquoi les distributions cumulées ne suivent pas des droites (bien que les distributions non-cumulées soient invariantes d'échelle)

Il faudra donc étudier de grands damiers pour espérer trouver le comportement statistique de notre automate, le cutoff étant rejeté vers les grandes tailles d'avalanches lorsque la taille du damier augmente.

Nous n'utiliserons donc, dans la suite, plus que des représentations non-cumulées. De cette façon, nous pourrons déterminer plus précisément l'exposant critique car la variation en loi puissance sera sur une gamme de tailles plus étendue.

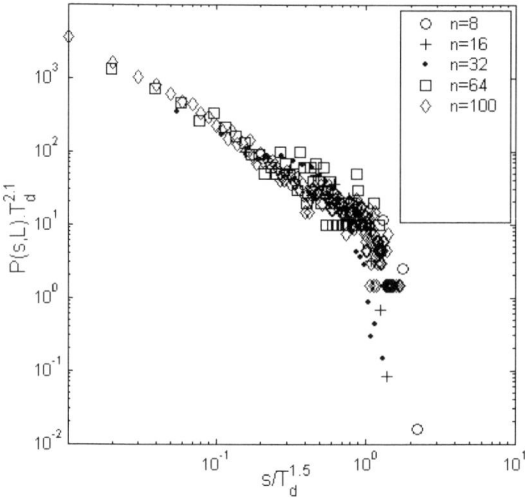

Figure 8.18 : Effet de taille finie du damier où P(s) est la densité de probabilité, s taille de l'avalanche et T la taille du damier.

Nous avons vu (cf. 0) que les effets de tailles finies pouvaient être mis en évidence : il faut tracer pour cela $P(s,L).L\tau Ds$ en fonction de s/LDs pour différentes tailles du système (où s est la taille de l'avalanche, L la taille du damier, P(s,L) la densité de probabilité, τ l'exposant critique et Ds un exposant liant la taille du système à la taille maximale des avalanches. La Figure 8.18 montre les résultats pour Ds=1.5 et τ=1.4. Nous avons pris ces deux valeurs car, τ=1.4 semble être l'exposant critique pour le damier le plus grand et Ds est l'exposant utilisé par Kadanoff et al. (1989) pour une variante du modèle BTW. On constate bien une bonne superposition de toutes les courbes pour différentes tailles de damier. On a donc bien un *effet de taille finie*.

Nous n'utiliserons donc plus, dans la suite, que des damiers de grandes tailles (n=100) pour réduire au maximum les effets de tailles finies du damier.

8.4.3   Influence de la valeur de l'incrément de contrainte $\delta\xi/S_C$

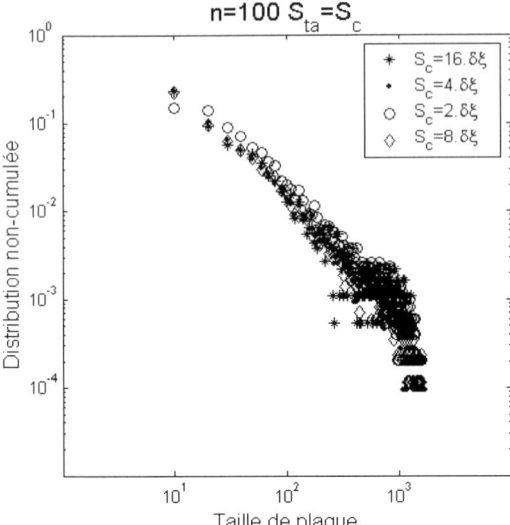

Figure 8.19 : Comparaison des distributions non-cumulées des tailles de plaque pour différents incréments de contraintes. Chaque courbe représente 10000 avalanches.

Comme précédemment, l'incrément de contrainte ne semble pas avoir d'influence sur le comportement statistique de l'automate pour les petites tailles : les courbes (*cf. Figure 8.19*) se superposent. On pourra donc raisonnablement négliger l'influence du paramètre $\delta\xi/S_C$ sur les statistiques des tailles de plaque.

Notre modèle ne se réduira donc qu'à un paramètre : S_T/S_C.

8.4.4   Influence de la valeur du seuil de traction S_T/S_C

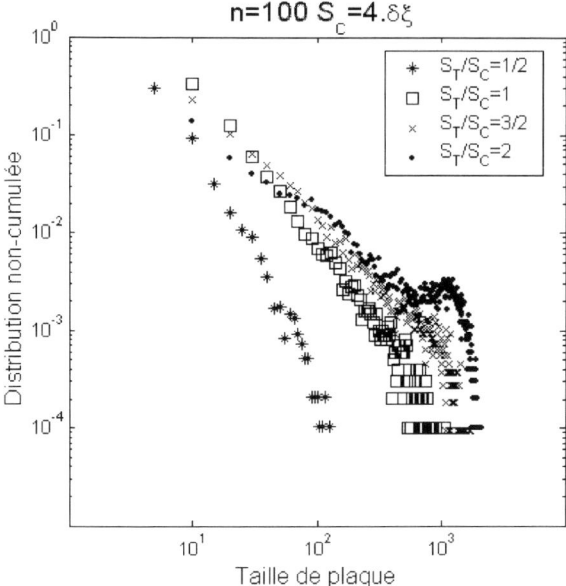

Figure 8.20 : Comparaison des distributions non-cumulées des tailles de plaque pour différents seuils de «traction». Chaque courbe représente 10000 avalanches.

Les résultats statistiques montrent que les surfaces des plaques sont distribuées en loi puissance. Le **seul** paramètre S_T/S_C permet de « régler » les exposants critiques b obtenus.

Lorsque $S_T>S_C$, les effets de la taille finie de notre damier (100*100) se font remarquer [46](une « bosse » statistique apparaît pour les grands événements, *cf Figure 8.22*

Il semble que lorsque S_T/S_C augmente, l'exposant critique de la loi puissance observée diminue (*cf. Figure 8.23*) : Il varie de $b_{NC}=2.2$ pour $S_T/S_C = \frac{1}{2}$ (comme pour les avalanches !) à $b_{NC}=-1$ pour $S_T/S_C = 2$ (comme BTW !).

Il est encourageant de constater que, pour les valeurs élevées du paramètre S_T/S_C, le comportement statistique devienne analogue au modèle BTW : nous nous sommes en effet basés sur ce modèle en introduisant un seuil de rupture dans la plaque. Lorsque le paramètre est élevé, la rupture en «traction» sera très difficile, rapprochant ainsi le

---

[46] Le système **ne peut pas** être **sur-critique** car, algorithmiquement, les avalanches ne peuvent se recouvrir.

comportement de cet automate du modèle BTW (dans lequel on peut considérer que le paramètre St/Sc est infini).

Ce modèle est donc capable de **reproduire les statistiques des données de terrain** : pour cela, il faut « régler » le paramètre S_T/S_C à 0.5 (*cf. Figure 8.21*) pour La Plagne et à 0.75 pour Tignes.

L'automate est capable de balayer la gamme d'exposant critique des avalanches (de 0.8 à 1.4) *(cf.Figure 8.22, Figure 8.23)*.

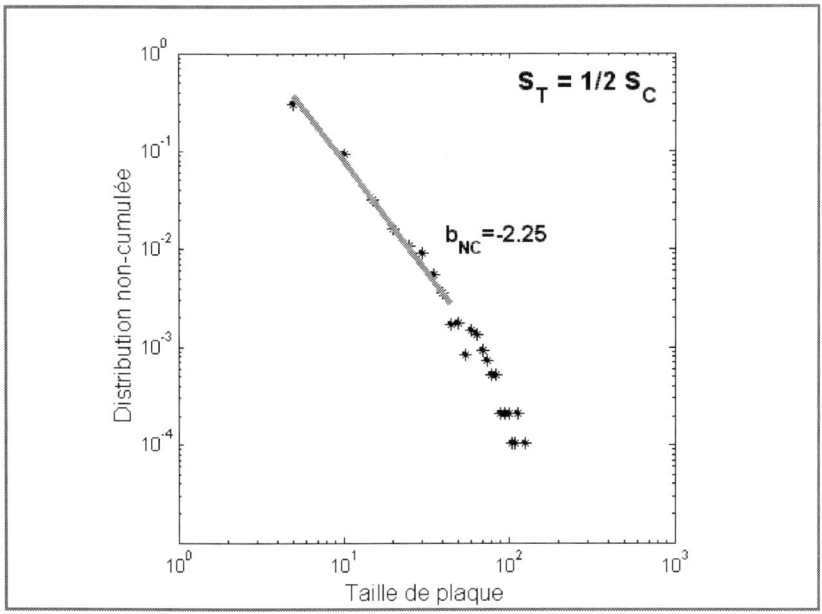

Figure 8.21 :Distribution non-cumulée des tailles de plaque pour l'automate à seuil de traction aléatoire avec le paramètre $S_T/S_C=1/2$. Le comportement est identique à celui des surfaces de départ d'avalanches artificielles ($b=b_{NC}-1=\mathbf{1.2}$)

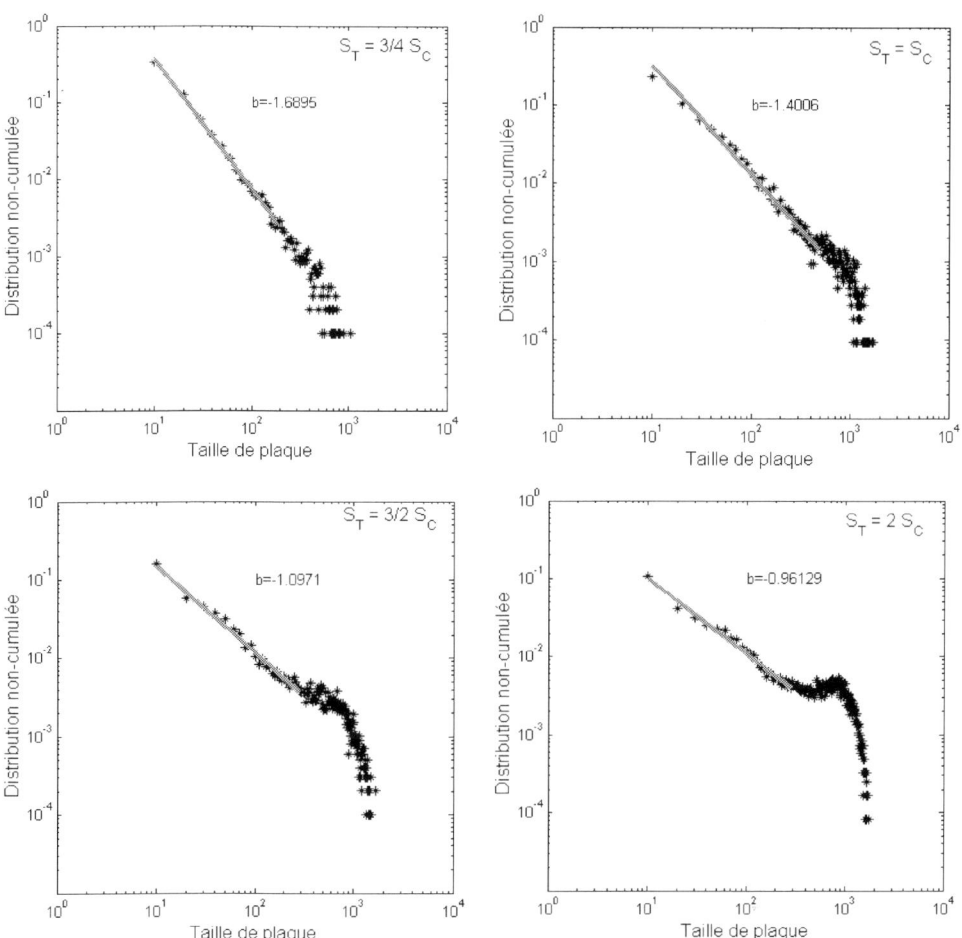

Figure 8.22 : Distribution non cumulée des tailles d'avalanche pour différentes valeurs du paramètre S_T/S_C (3/4, 1, 3/2, 2). Chaque courbe représente 10000 avalanches. Le paramètre S_T/S_C = ¾ donne un comportement statistique **comparable** aux avalanches **artificielles** de **Tignes**.

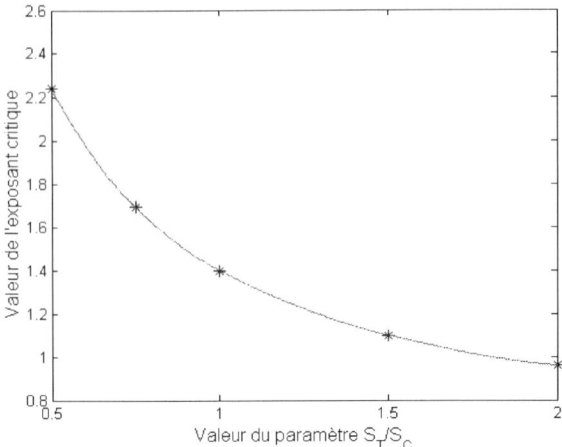

Figure 8.23 : Valeur de l'exposant critique obtenue pour différentes valeurs du paramètre S_T/S_C.

Mais qu'en est-il de l'évolution temporelle ?

8.4.5 Évolution temporelle

Nous avons vu que notre automate donnait des statistiques de taille d'avalanches très voisines de nos données. Voyons maintenant s'il peut nous donner des informations temporelles. De cette façon, on pourra éventuellement voir s'il existe des signes précurseurs annonçant la rupture globale. Cette information nous aidera à définir le type de comportement de la transition de phase (1er, 2nd ou CAO).

Pour cela, nous utilisons un chargement 'naturel' (*cf. 8.4.1*). De cette manière, il est possible de dénombrer le nombre de cellules rompues en cisaillement à chaque pas de temps.

Il faut noter que nous n'étudions qu'une seule avalanche. Nous chercherons à comprendre comment elle atteint le point critique (rupture globale). Nous n'avons malheureusement pas effectué de tests statistiques sur la fluctuation possible des comportements du fait du caractère aléatoire du chargement.

8.5. Conclusion

8.5.1 Analyse des résultats de l'automate cellulaire

La comparaison entre l'automate et les données de terrain semble donc montrer que :

- Lorsqu'une zone de faiblesse apparaît, des concentrations de contrainte apparaissent à sa périphérie.

- Les défauts dans la couche fragile semblent contrôler le déclenchement d'une avalanche de plaque.

- Les interactions à longue portée (de type élastique) ne sont pas responsables du déclenchement en plaque des avalanches (l'automate avec interactions au $n^{\text{ième}}$ voisin ne donne pas de résultats satisfaisants)

- Il n'y a pas de changement de comportement statistique pour les petites tailles d'avalanche, ce qui suggère une continuité du mécanisme de déclenchement d'avalanche entre un départ ponctuel (type avalanche de neige fraîche) et départ linéaire (avalanche de plaque). Le cutoff inférieur de nos données est donc sûrement du au fait que les pisteurs ne voient pas toutes les avalanches de petites tailles, ce qui corrobore notre première impression.

- Les statistiques des tailles d'avalanches sont bien reproduites lorsque le damier est initialisé de façon aléatoire (chargement artificiel). Ceci semble confirmer le fait que la résistance en cisaillement est très variable le long de l'interface entre deux couches (ou une couche fragile). D'autre part, il faut choisir la valeur du paramètre S_T/S_C de manière aléatoire inférieure à 0.5 entre deux calculs (rupture du damier). Les contraintes en «traction» n'existent dans l'automate que grâce aux différences de contraintes en cisaillement (donc grâce au gradient de cisaillement). Ces contraintes en «traction» utilisées dans notre automate seront donc faibles comparées aux contraintes de cisaillement (Nous avons vu que la résistance au cisaillement et la résistance à la traction de la neige était environ du même ordre de grandeur). Il n'est donc pas étonnant de devoir « régler » ce paramètre à une faible valeur.

- Ce dernier point (S_T/S_C=0.5) suggère que la valeur de la ténacité de la neige en mode II (cisaillement) est plus élevée que la valeur de la ténacité de la neige en mode I (qui, ici, peut être considérée comme égale à la résistance à la traction pour une fissure de l'ordre de la taille des pores).

- Il semble que le recollage des grains par frittage ne joue pas de rôle prépondérant dans la taille des plaques (notre automate cellulaire donne des résultats conformes aux données et n'autorise pas le recollage d'une cellule dans un même calcul). Il serait toutefois intéressant d'introduire un tel recollage pour tester son importance éventuelle.

- La cinématique de chargement ($\delta\xi/\delta t$) ne joue pas de rôle particulier sur le déclenchement ainsi que sur la taille de la plaque.

- L'intensité de la chute de neige a, par contre, une influence sur l'évolution temporelle des microfissures. L'incrément va influencer le temps de la rupture globale (logique, plus il neige rapidement, plus les chances de déclenchements d'avalanches sont fortes).

- Ce modèle semble pouvoir reproduire les statistiques d'autres aléas naturels. Il semble d'ailleurs que les avalanches et les glissements de terrain aient des mécanismes de déclenchements très semblables (ils ont des exposants critiques dans une même gamme de valeur, *cf. Tableau 5*). Cela suggère que le rapport des seuils de décohésion et de glissement sont comparables pour les deux matériaux considérés.

8.5.2   Analyse par rapport aux transitions de phase (cf. résumé p148)

- Les statistiques de l'automate suivent des distributions en loi puissance de la taille des plaques.

- L'évolution temporelle, pour chaque calcul, montre une accélération des ruptures en loi puissance.

- La longueur de corrélation peut couvrir tout le damier.

- La dynamique est intermittente.

- Le taux de chargement est faible, le taux de dissipation également (le système ne dissipe l'énergie que lorsque que l'avalanche atteint le bord inférieur du damier).

Ces arguments semblent montrer que le phénomène de déclenchement des avalanches de plaques est une **transition critique** (du second ordre).

Ceci pourrait être expliqué par une rupture de type ductile sur le plan basal (couche fragile ou interface) en cisaillement comme l'affirme Gubler et Bader(1989). (Le paragraphe 1.3.4.2.3 nous montre que la transition ductile/fragile se produit pour une vitesse de cisaillement de l'ordre de 10-4 s-1, alors que les vitesses de sollicitions sont quasi-statiques dans le cas d'un déclenchement naturel). Cela voudrait dire que la rupture (ductile) en cisaillement « contrôle » la transition (la rupture s'initierait de manière ductile pour finir de manière fragile). La rupture fragile de la plaque ne serait que la « signature » visible de la rupture ductile de la couche fragile (ou l'interface entre deux couches aux propriétés mécaniques très différentes).

En ce qui concerne la Criticalité Auto-Organisée (ou SOC) :

- Les conditions pour que le système soit critique sont vérifiées.

- Une condition supplémentaire pour avoir un comportement CAO est qu'il faut que les avalanches ne se recouvrent pas (il ne faut pas que l'une commence alors qu'une autre n'est pas terminée).

- Dans le cas de nos simulations, il y a bien une recicatrisation instantanée des éléments entre chaque avalanche (ceci est obtenu du fait de l'algorithme : lorsqu'une avalanche s'est déclenchée, le damier est réinitialisé).

- Dans la nature, on constate généralement que, dans une saison hivernale, le fait qu'une avalanche se soit déclenchée baisse considérablement les probabilités d'occurrence d'une autre avalanche au même endroit. De plus, cette condition pourra être considérée comme juste en faisant l'hypothèse d'ergodicité. Cette hypothèse suppose que les comportements statistiques dans l'espace et dans le temps sont équivalents. Ramenée à notre cas, cette hypothèse suppose que 100 avalanches déclenchées sur un couloir (en un certain temps) sont statistiquement équivalentes à 100 avalanches déclenchées simultanément sur 100 couloirs différents. Ainsi, dans le cas où l'hypothèse d'ergodicité est vérifiée, lorsqu'une avalanche se déclenche sur une pente, elle n'influence pas l'état des autres pentes.

Ces pentes pourront donc être considérées comme recicatrisées à l'échelle du massif.

- le taux de dissipation (l'avalanche) est infiniment plus grand que le taux de chargement.

Les principales conditions semblent donc réunies pour avoir un comportement Critique Auto-Organisé. Cependant, il n'existe pas de couplage physique flagrant entre les différentes avalanches déclenchées dans un massif. Or, cet «ingrédient » est nécessaire à l'apparition de la criticalité auto-organisée. Notre modèle pourrait donc constituer une alternative à ce concept de criticalité auto-organisée dans le cas de rupture gravitaires non-corrélées comme les glissements de terrain ou les chutes de blocs.

Il reste encore à mieux analyser l'automate du point de vue de la transition de phase, notamment en utilisant des damiers plus grands pour avoir des résultats sur une gamme de tailles plus étendue.

Conclusion :

Nous avons, dans cette thèse, étudié le déclenchement des avalanches de plaques. Partant du fait qu'une avalanche de plaque résulte d'une rupture dans le manteau neigeux, nous nous sommes intéressés plus particulièrement à ce phénomène en utilisant deux approches complémentaires : une approche déterministe et une approche statistique.

Dans un premier temps, nous avons étudié, d'un point de vue déterministe, la propagation d'une fissure dans le manteau neigeux. Pour cela, la mécanique de la rupture, initialement développée par les métallurgistes, a été adaptée à l'étude particulière du déclenchement d'avalanche de plaque. Nous avons notamment déterminé expérimentalement la ténacité de la neige, paramètre caractérisant la résistance qu'a un matériau à propager une fissure préexistante. Ce paramètre s'avère en effet essentiel à l'étude du déclenchement d'une plaque puisque de nombreuses zones fragiles, apparentées à des fissures, apparaissent à l'interface entre les différentes couches de neige composant le manteau neigeux. Cette étude expérimentale valide les premiers résultats de détermination de la ténacité de la neige : nos valeurs expérimentales sont du même ordre de grandeur, confirmant ainsi le fait que la neige est le matériau le plus fragile de la nature. Nous avons montré l'existence d'une relation entre la ténacité et la densité de la neige, cette relation pouvant être expliquée par la Mécanique des Mousses (en considérant la neige comme étant une mousse de glace, Kirchner, 2001). Nous avons découvert que les valeurs expérimentales de ténacité obtenues semblaient dépendre de la géométrie de notre échantillon expérimental. Or, la ténacité est un paramètre intrinsèque au matériau et ne doit donc dépendre que des propriétés du matériau (module d'Young et énergie de surface). Nous avons tenté de savoir si l'aspect granulaire de la neige ainsi que la configuration géométrique de nos échantillons pouvaient expliquer un tel comportement. Des modélisations 2D par la Méthode aux Eléments Distincts n'ont pu confirmer de telles suppositions. Par contre, des images tomographiques de différents échantillons de neige fournies par le CEN ont montré que la répartition de la masse de glace dans l'espace semblait être fractale, ce caractère s'atténuant lorsque la neige se densifie. L'aspect fractal de la répartition de masse semble se retrouver dans l'arrangement spatial des chaînons de forces liant chaque grain à ses voisins. Nous avons proposé une interprétation de mesures de ténacité sur cette base.

Nous avons donc dans cette première partie décrit la stabilité d'une fissure dans la neige. Or, l'extrême variabilité tant temporelle que spatiale des propriétés mécaniques du manteau neigeux rend difficile la bonne caractérisation des paramètres à prendre en compte dans une étude donc une prévision fiable de ce phénomène naturel. De plus, le traitement des interactions entre les zones faibles du manteau neigeux s'avère difficile. Devant ces limites de l'approche déterministe, une approche statistique de la rupture dans le manteau neigeux a été menée.

Nous avons été les premiers à montrer que les hauteurs ainsi que les largeurs des plaques de neige déstabilisées sont invariantes d'échelle, grâce aux catalogues d'événements de La Plagne (4000 avalanches) et Tignes (1400 avalanches). L'invariance d'échelle signifie que le phénomène étudié n'a pas de taille caractéristique. Ce comportement statistique caractérisé par des distributions en loi puissance permet notamment de prévoir la probabilité d'occurrence d'un événement en fonction de sa taille. Cette loi ne permet cependant pas de localiser le phénomène.

Ce comportement statistique est commun à bien d'autres phénomènes (dits complexes). On peut notamment citer, dans le cadre des aléas naturels, les séismes (loi de Gutenberg-Richter), les glissements de terrains ainsi que les chutes de blocs. Les avalanches n'échappent donc pas à ce qui semble être la règle. Nous avons vu que la théorie des transitions de phases pouvait fournir un cadre théorique satisfaisant à l'étude de phénomènes complexes. Malheureusement, les modèles existants, basés sur le principe des automates cellulaires, ne permettent pas de décrire correctement le comportement statistique des avalanches de plaques. Nous avons donc conçu un automate cellulaire appliqué au déclenchement des avalanches de plaques. Ce modèle a pour but de reproduire les statistiques des données de terrain. Nous avons pour cela introduit un paramètre qui tient compte du fait que le déclenchement d'une avalanche de plaque résulte de la propagation d'une rupture en cisaillement dans une couche fragile suivie d'une rupture en traction dans la plaque. Ce paramètre reflète les différences de résistances mécaniques entre les deux types de rupture. Il a été possible de montrer que le réglage de cet unique paramètre pouvait reproduire le comportement statistique en loi puissance des avalanches mais aussi celui des glissements de terrain ou encore celui des chutes de blocs.

Nos conclusions semblent donc dépasser quelque peu le cas des avalanches de plaque, pour s'appliquer aux statistiques de tailles des écoulements gravitaires tels que les glissements de terrain ou les chutes de blocs. De nombreux indices incitent à croire que nous sommes dans le cas d'une criticalité auto-organisée, ceci restant cependant à vérifier.

Cette étude statistique n'est que la première effectuée sur les avalanches. Beaucoup de travail reste encore à faire : Comprendre les statistiques des volumes de neige déclenchés, expliquer les raisons de l'invariance d'échelle des hauteurs de plaques, voir si les statistiques des avalanches sur un couloir donné sont identiques aux statistiques du massif. Nous avons l'avantage de posséder des bases de données très complètes permettant une analyse statistique très poussée.

L'évolution temporelle de la distribution en loi puissance des tailles d'avalanche semble la voie d'étude la plus prometteuse. Cette étude pourrait mener à la conception d'un modèle de prévision de déclenchement d'avalanche, non plus basé sur l'expérience des experts mais sur une approche statistique. Ce modèle servirait d'outil supplémentaire d'aide à la décision pour les prévisionnistes des stations de ski. Nos modélisations semblent montrer que notre automate cellulaire reproduit correctement les statistiques des avalanches réelles. Il pourrait alors être utilisé et amélioré pour permettre une prédiction quantitative du risque d'avalanche.

Références Partie 1

Bader, H et Salm B. 1990 : On the mechanics of snow slab release. *Cold Regions Science and Technology*, **17,** 287-299

Birkeland K.W., Hansen H.J. et Brown R.L., 1995 : The spatial variability of snow resistance on potential avalanche slopes. *J. Glaciol.*, **41**(137), 335-342

Bradley C.C, Brown R.L. Williams T.R. 1977 : Gradient metamorphism, zonal weakening of the snowpack and avalanch initiation. *J. Glaciol.* **19**(81), 335-342.

Brown C.B., Evans R.J., LaChapelle E.R. 1972 : Slab avalanching and the state of stress in fallen snow. *J. Geoph. Res.*, **77**(24), 4570-4580.

Burlet J. L. 2002 : Thèse. Mécanique de la neige et variabilité. Application à la prévision du risque d'avalanche.

Burlet J. L., Baconnet C., Boissier D., Gourvès R. 1999 : Modelling of the snow cover variability with Gaussian stochastic field. *ICASP8*, Sydney, 869-875

Conway H. 1998: The impact of surface perturbations on snow-slope stability. *Ann. Glaciol.*, **26**, 307-312.

Conway H. et Abrahamson J. 1988. Snow slope stability- a probabilistic approach. *J. Glaciol.*, **34** (117), 170-177

Conway H. et Abrahamson J. 1984 : Snow stability index. *J. Glaciol.* **30**(106), 321-327.

Desrues J., Darve F., Flavigny E., Navarre J.P., Taillefer A. 1980 : An incremental formulation of constitutive equations for deposited snow. *Journal of Glaciology*, **25**, (92),289-307.

Faillettaz J. : Cours de nivologie, 2000.

Faillettaz J., Daudon D., Bonjean D., Louchet F. 2002. Snow toughness measurements and possible applications to avalanche triggering, ; *In* Stevens, J.R., *ed International Snow Science Workshop 2002, 29 September—4 October 2002, Penticton British Columbia. Proceedings*. Victoria, B.C., B.C. Ministry of Transportation. Snow Avalanche Programs, 540-543.

Flavigny E., Gourvès R., Daudon D. et Navarre J.P. 1994 La panda neige. *Neige et avalanche* n°66 pp8-14

Föhn P. M. B. , Camponovo C., Krusi G. 1998: Mechanical and structural properties of weak snow layers measured in situ. *Annals of glaciology* **16**. 1-6.

Golubev V. N. Frolov A. D. 1998: Modelling the change in structure and mechanical properties in dry-snow densification to ice. *Annals of glaciology* **26**. 45-50.

Gubler H 1982: Strength of bonds between ice grains after short contact times. *J. Glaciol.*, 28 (100), 457-473

Gubler H., et Bader H.-P. 1989 : A model of initial failure in slab avalanche release. *Annals of Glaciology* 13, 90-95.

Harper J. T. and J. H. Bradford. 2002. Spatial variability of snow stratification in the absence of terrain factors, *In* Stevens, J.R., *ed International Snow Science Workshop 2002, 29 September—4 October 2002, Penticton British Columbia. Proceedings*. Victoria, B.C., B.C. Ministry of Transportation. Snow Avalanche Programs, 366-373.

Hermmann H.J. et Roux S. 1990 : Modelization of fracture in disordered systems. Statistical models for the fracture of disordered media. North Holland, Elsevier Science Publishers, Amsterdam, 159-188.

Jamieson J.B. et Johnson C.D. 1990. In-situ tensile tests of snowpack layers, *J. Glaciol.* 36(122), 102-106.

Jamieson J.B. et Johnson C.D. 1992. A fracture arrest model for unconfined dry slab avalanches. *Can. Geotech. J.*, 29, 61-66

Kirchner H.O.K., Michot G., Narita H., Suzuki T. 2001: Snow as a foam of ice: plasticity, facture and brittle-to-ductile transition. *Philosophical Magazine A*, Vol. 81, No. 9, 2161-2181.

Kirchner H.O.K., Michot G., Schweizer J. 2002: Fracture toughness of snow in shear and tension. *Scripta Materialia* 46 425-429.

Kirchner H.O.K., Michot G., Suzuki T. 2000: Fracture toughness of snow in tension. *Philosophical Magazine A*, Vol. 80, No 5, 1265-1272.

Kirchner H.O.K., Michot G., Narita H., Suzuki T 2001: Snow as a foam of ice: plasticity, fracture and the brittle-to-ductile transition. *Philosophical magazine A,* **81** (9), 2161-2181.

Kry P.R. 1975 : The relationship between the visco-elastic and structural properties of fine-grained snow. *Journal of Glaciology*, Vol. 14, No. 72.

Louchet F. 2001a: Creep instability of weak layer and natural slab avalanche triggerings. *Cold Regions Science and Technology* 33 141-146.

Louchet F. 2001b. A transition in dry snow slab avalanche triggering modes. *Ann. Glaciol.*, **32**, 285-289.

McClung D.M. 1981. Fracture mechanical models of dry slab avalanche release. *J. Geophys. Res.*, **86**(B11), 10783-10790.

Mellor M. 1977: Engineering properties of snow. *Journal of glaciology*, **19**, (81),.

Mellor M. 1975: A review of basic snow mechanics. *IAHS Publication*, 114, 251-291.

Palmer A.C. et Rice J.R. 1973: The growth of slip surfaces in the progressive failure of over-consolidated clay. *Proc. R. Soc. London, Ser. A*, **332**, 527-548.

Perla R. LaChapelle E.R. 1970 : A theory of snow slab failure. *J. Geophys. Res.*, **75**(36), 7619-7627.

Salm B. 1982: Mechanical properties of snow. *Reviews of geophysics and space physics*, **20**(1), 1-19.

Schweizer J. 1998: Contribution on the role of deficit zones or imperfections in dry snow slab avalanche release. *Proceeding ISSW* 1998.

Schweizer J. 1999. Review of dry snow slab avalanche release. *Cold Reg. Sci. Technol.* , **30**, (1-3), 43-57.

Schweizer J., Michot G., Kirchner H.O.K. 2003: On the fracture toughness of snow. *IGS Davos*.

Shapiro L.H., Johnson J.B., Sturm M., and Blaisdell G.L., 1997:Snow mechanics: a review of the state of knowledge and applications, *CRREL Report*.

Sommerfield R.A. et Gubler H. 1983. Snow avalanches and acoustic emissions. *Ann. Glacio.*, **4**, 271-276

Sommerfield R.A. 1982. A review of snow acoustics. *Review of Geophysics and Space Physics*, **20**, 62-66.

Sommerfield R.A. 1969. The role of stress concentration in slab avalanche release. *J. Glaciol.* **8**(54), 451-462.

St Lawrence W. et Bradley C. 1977: Spontaneous fracture initiation in mountain snow-packs. *J. Glaciol.* **19**(81), 411-417.

Vidal L. 2001 : Thèse. Modélisation de la rupture d'une plaque de neige et mode de fonctionnement d'une couche fragile.

Références Partie 2

Balankin A. S. 1992: Elastic properties of fractals and dynamics of brittle fracture solids. *Sov. Phys. Solid State* **34**(4), 658-665.

Cherepanov G.P., Balankin A.S., Ivanova V.S. 1995 : Fractal fracture mechanics – A review. *Engineering Fracture Mechanics,* **51**, No. 6, pp 997-1033.

Griffith A.A., 1920. The phenomena of rupture and flow in solids. *Phil. Trans. R. Soc. London*, *Ser.* A, **221**, 163-198.

Irwin G.R. 1957: Analysis of stresses and strains near the end of a crack traversing a plate, *Trans. ASME, J. Appl. Mech.*, **24**, 361-364.

Louchet F. and Y. Brechet. 1992. Physics of toughness. *Phys. Stat. Sol.*, **131** (a), 1-9.

Meguid S.A. 1996 : Engineering fracture mechanics. *Elsevier Applied Science.*

Tada P.C., Paris C., Irwin G.R. 1973 : The stress analysis of cracks Handbook, *Del Research Corporation*, Hellertown, Pennsylvania.

Westergaard H.M. 1939: Bearing pressures and cracks, *J. Appl. Mech.*, **6**, 49-53.

Références Partie 3

Aki K, Richards PG 1980. Quantitative seismology. W. H. Freeman & Co., San Francisco.

Bak P. 1996. How Nature Works – the Science of Self-Organized Criticality. Copernus, Springer, Berlin, Heidelberg, New-York.

Bak P., Cheng K., Tang C 1990: A forest-fire model and some thoughts on turbulence. *Phys. Lett. A* **147**, 297-300.

Bak P., Tang C, Wiesenfeld K. 1987 Self-Organized Criticality. An explanation of 1/f noise. *Phys. Rev. Lett.* **59**, 381-384.

Bak P., Tang C, Wiesenfeld K. 1988 Self-Organized Criticality. *Phys. Rev. A* **38**, 364-374.

Binney J., Dowrick N.J, Fisher A.J., Newman M.E.J. 1992: The theory of critical phenomena. AN introduction to the renormalization group, *Oxford University Press*, New-York.

Bonnet E., Bour O, Odling NE, Davy P, Lain I, Cowie P, Berkowitz B 2001. Scaling of fracture systems in geological media. *Rev. Geophys.* **39**, 347-383.

Burridge R., Knopoff L. 1967. Model and theoretical seismicity. *Bull. Seismol. Soc. Am.* **57**, 341-371.

Christensen K., Hamon D., Jensen H.J., Lise S. 2001. Comment on « self-organized criticality in the Olami-Feder-Christensen model. *Phys. Rev. Lett.* **87,** 039-081.

Christensen K. et Olami Z. 1992 : Variation of the Gutemberg-Richter b values and non-trivial temporal correlations in a spring-block model of earthquakes. *J. Geophys. Res.* **97**(B6),8729-8735.

Christensen K. et Olami Z. 1992 : Scaling, phase transitions, and nonuniversality in a self-organized critical cellular-automaton model. *Phys. Rev. A* **46**(4), 1829-1838.

Christensen K.et Farhadi A. 2001: Percolation theory, equilibrium and non-equilibrium statistical mechanics. Lecture note, may 24, 2001.

Daniels H.E. 1945: The statistical theory of strength of bundles of threads. *Proceeding of the Royal Society, London*, A183, 405-435

De Arcangelis L., Hansen A., Hermann H.J., Roux S., 1989. Scaling laws in fracture *Phys. Rev. B* **40**, 877-880.

Faillettaz J., D. Daudon, D. Bonjean, F. Louchet. 2002. Scale invariance of snow triggering mechanisms; In Stevens, J.R., ed International Snow Science Workshop 2002, 29 September—4 October 2002, Penticton British Columbia. Proceedings. Victoria, B.C., B.C. Ministry of Transportation. Snow Avalanche Programs, 528-531.

Gell-Mann M. 1995: What is complexity ?, Complexity, 1, n°1.

Guzzetti F., Malamud B.D., Turcotte D.L., Reichenbach P. 2002: Power-law correlations of landslide areas in central Italy. Earth and Planetary Science Letters, 195, 169-183.

Hansen A. et Hemmer P.C. 1994: Burst avalanches in bundles of fibers: Local versus global lad-sharing. Physic Letters A 184 394-396.

Hemmer P.C. et Hansen A. 1992: The distribution of simultaneous fiber failures in fiber bundles. Journal of Applied Mechanics, 59 909-914

Herrmann H.J., Roux S.: Fracture of disordered, elastic lattices in 2 dimensions.

Hergarten S. et Neugebauer HJ 1998 Self-organized criticality in a landslide model. Geophys. Res. Lett. 25, 801-804.

Hergarten S. 2002. Self-organized criticality in earth systems, Springer-Verlag Berlin Heidelberg.

Hovius N., Stark C.P., Allen P.A. 1997: Sediment flux from a mountain belt derived by landslide mapping. Geology, 25(3), 231-234.

Kadanoff L.P., Nagel S.R., WU L., Zhou S.M. 1989: Scaling and universality in avalanches, Phys. Rev. A, 39, 6524-6537.

Kutnjak-Urbanc B., Zapperi S., Milosevic S., Stanley H.E.: Sandpile model on the Sierpinski gasket fractal. Physical Review E 54(1), 272-277.

Lahaie F. 2000. Pertinence du formalisme des transition de phase pour aborder la mécanique des objets géologiques. Thèse. UJF- Grenoble 1.

Louchet F., J. Faillettaz, D. Daudon, N. Bédouin, E. Collet, J. Lhuissier and A.M. Portal. 2001. Possible deviations from Griffith's criterion in shallow slabs, and consequences on slab avalanche release. XXVI General Assembly of the European Geophysical Society, Nice (F), march 25-30 2001, Nat. Hazards Earth System Sci., 2(3--4), 1-5.

Malamud B.D., Morein G., Turcotte D.L. 1998 : Forest fires :An exemple of Self-Organized Critical behavior. Science, 281, 1840-1841.

Malamud B. D. et D.L. Turcotte. 1999. Self-organized criticality applied to natural hazards. Nat. Hazards 20, 93-116.

Malamud BD, Guzzeti F., Turcotte DL, Reichenbach P 2001: Power-law correlations of Italian lanslide areas. Geophys. Res. Abstracts 3.

Newman W.I., Gabrielov A.M. 1991: Failure of hierarchical distibution of fiber bundles. Int. J. Fract. 50,1-14.

Nottale L., Chaline J., Grou P. 2000 : Les arbres de l'évolution. Univers, vie, sociétés. Hachette Littératures.

Olami Z., Feder H.J.S., Christensen K. 1992 : Self-organized criticality in a continous, nonconservative cellular automaton modelling earthquakes. *Phys. Rev. Lett.* **68**, 1244-1247.

Pelletier JD, Malamud BD, Blogett T, Turcotte DL 1997: Scale invariance of soil moisture variability and its implications for frequency-size distribution of landslide. *Engin. Geol.* **49**, 255-268

Rosenthal W. and K. Elder. 2002. Evidence of chaos in slab avalanches. In Stevens, J.R., ed *International Snow Science Workshop 2002*, 29 September—4 October 2002, Penticton British Columbia. Proceedings. Victoria, B.C., B.C. Ministry of Transportation. Snow Avalanche Programs, 13-18

Sornette D., Andersen J.V., 1998 : Scaling with respect to disorder in time-to-failure, *Eur. Phys. J. B* **1**, 353-357.

Sornette D. 2000 . Critical Phenomena in Natural Science – Chaos, Fractals, Selforganization and Disorder: Concept and Tools. *Springer, Berlin, Heidelberg, New-York*.

Staufer D., Aharony A. 1994. Introduction to percolation theory, *Taylor & Francis, London, Bristol, PA*. 2nd ed.

Turcotte DL 1997 Fractals and Chaos in Geology and Geophysics. *Cambridge University Press, Cambridge, New-York, Melbourne*, 2nd edn.

Wilson K. 1992: Les phénomène de physique et les échelles de longueur, dans *L'ordre du chaos*, Pour la science, Paris

Zapperi S., Ray P., Stanley H., Vespignani A., 1997 : First-order transition in the breakdown of disordered media. *Phys. Rev. Lett.* **78**(8), 1408-1411.

Zapperi S., Ray P., Stanley H., Vespignani A.,1999: Analysis of damage clusters in fracture processes. *Physica A* **270,** 57-62.

28231009R00125

Printed in Great Britain
by Amazon